U0064745

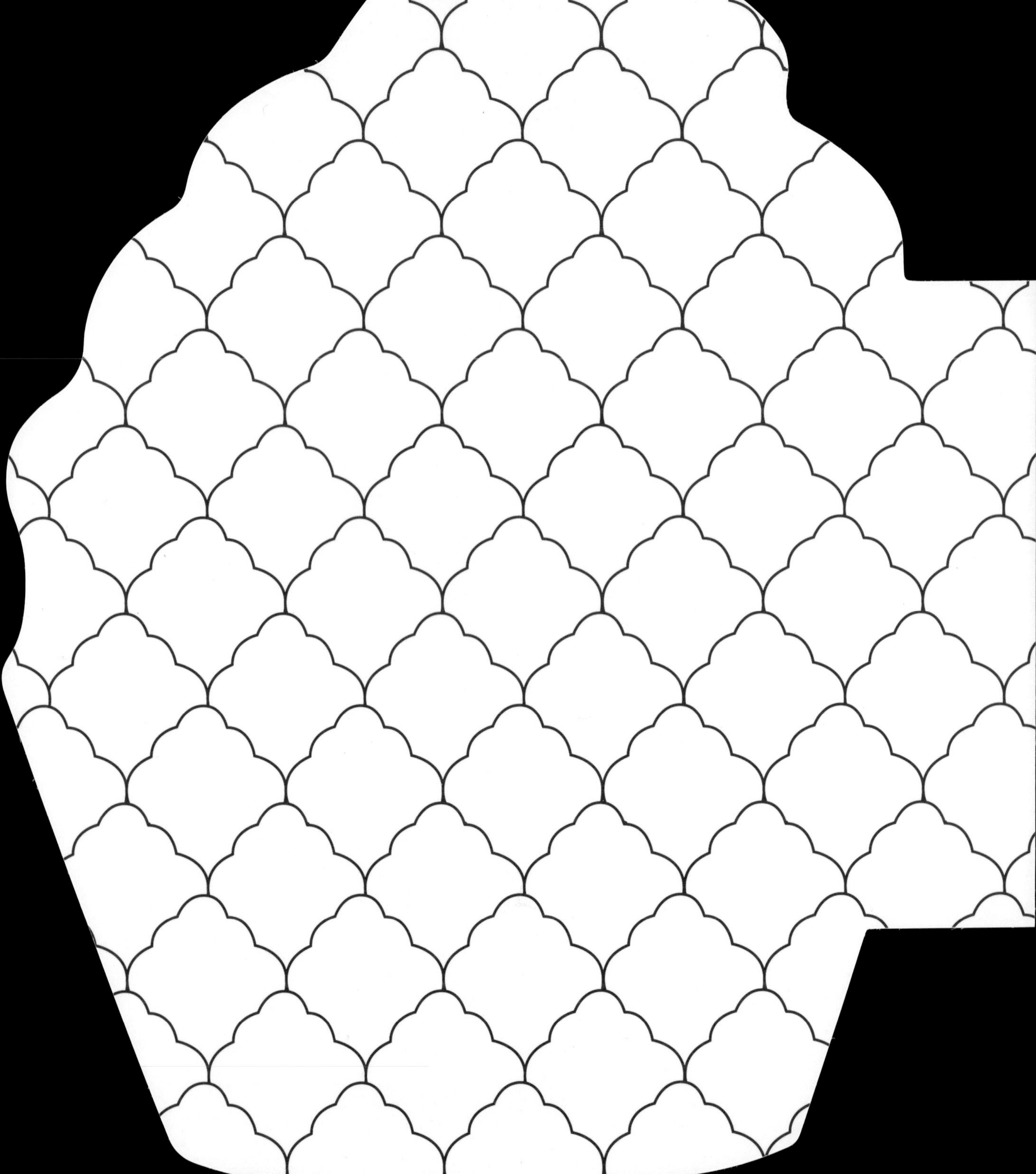

杯子蛋糕

50道傳統義式輕料理

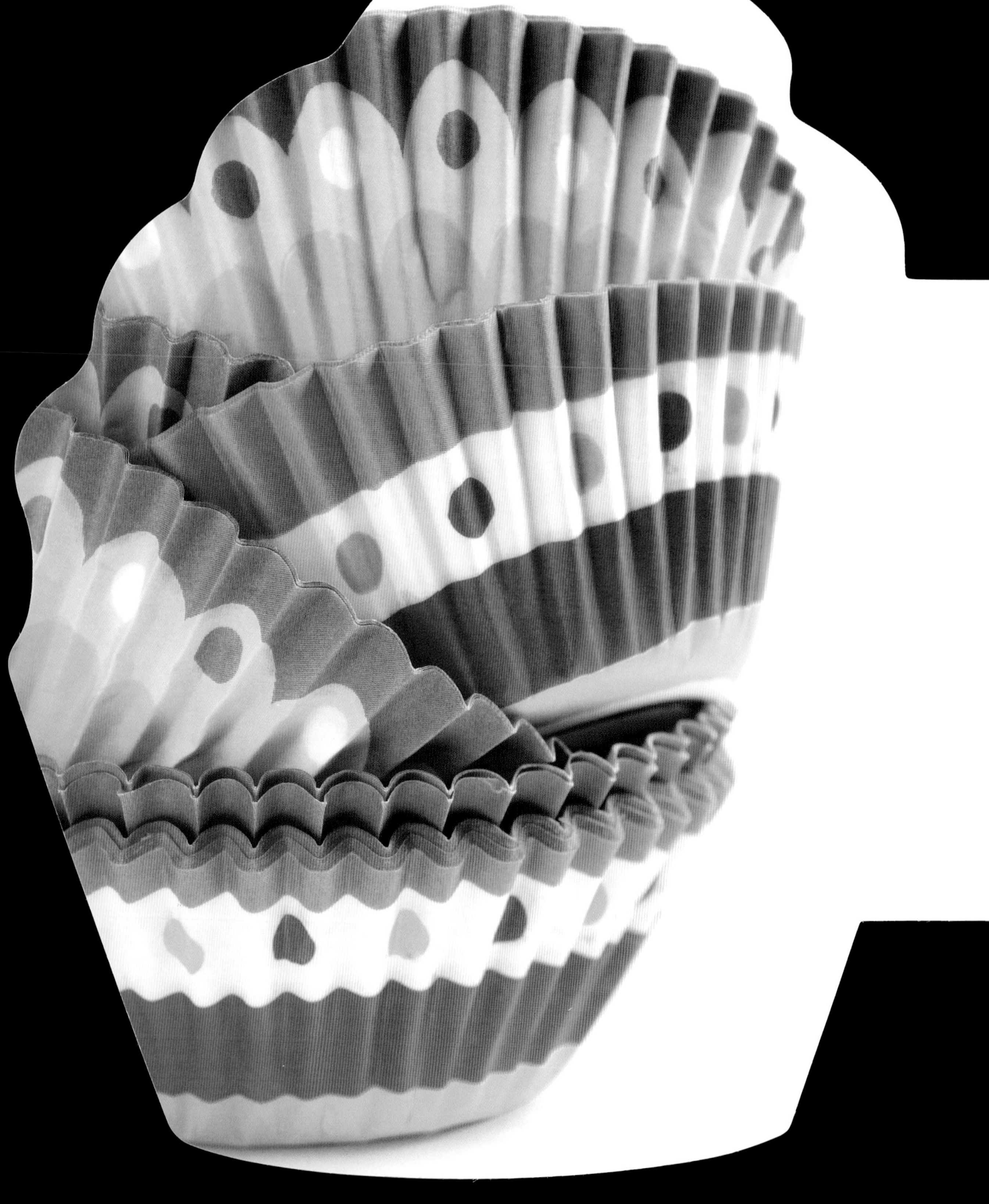

策畫 /
百味來廚藝學院
(ACADEMIA BARILLA)
黎安・科辛斯基

攝影 /
艾柏托・羅西
主廚 馬力歐・格拉西亞

食譜設計 /
主廚 馬力歐・格拉西亞

撰文 /
瑪麗亞格拉西亞・威拉

翻譯 /
藍大楷

平面設計
馬力内拉・戴柏納提

編輯統籌 百味來廚藝學院
查托・莫蘭迪
伊拉里亞・羅西
黎安・科辛斯基

目錄

迷你版的
幸福滋味

看到杯子蛋糕的時候，
嘴角會情不自禁地上揚。
安・拜爾德（Ann Byrd），美食作家

圓圓的造型，非常討喜；色彩繽紛，設計變化多端，充滿無窮的新意——杯子蛋糕就是這麼令人難以抗拒。這種縮小版的蛋糕口感蓬鬆，滋味美妙，獨創性十足，穿著合身的波浪紙，更顯得優雅迷人。施一點魔法，就能把大蛋糕變成這樣的迷你小蛋糕，而且美妙的風味絲毫不減，甚至更美妙。杯子蛋糕可以用來扮家家酒，擺在娃娃屋的廚房裡，或者給童話故事裡善良的小矮人當野餐，難怪又叫做「仙子蛋糕」。

杯子蛋糕源自美國，是典型的盎格魯撒克遜人糕點，如今已經傳遍了世界各地。做成一人享用的份量，攜帶方便，可口又賞心悅目，加上糖衣、糖霜、鮮乳油、甘納許（ganache，用巧克力和鮮乳油製成）、彩色糖粒，或者用翻糖或杏仁軟糖做成的裝飾等，全部裝在一個小小的紙杯裡。

杯子蛋糕最適合在下午茶的時間和朋友一起享用。在慶生會、接待會等派對場合準備杯子蛋糕，更能增加派對的吸引力。

杯子蛋糕的起源

最早提到「裝在杯子裡烤的蛋糕」的文獻，是 1796 年艾蜜莉亞・西蒙斯（Amelia Simmons）所著的《美式烹飪法》（American Cookery），這是美國的第一本食譜。而 cupcake 這個單字最早出現在 1828 年，幾乎可以確定這個名稱是取自它盛在杯子裡烤的製

作方式（在還沒有發明專用的烤模或紙模之前，這是很普遍的作法）。不過從一些歷史文獻來看，可能也跟美國人習慣用杯子、而不是用重量來秤量食材的分量有關。

杯子蛋糕在突然間就快速形成風潮，原因之一是備料和烘焙都十分簡單快速。蛋糕份量小，不只做的人輕鬆，烘焙時間也較短，節省烤箱消耗的能量。第一次世界大戰結束後，這種小蛋糕終於開始作為單獨一項商品上市銷售。

略遜一籌的親戚

從某方面來看，杯子蛋糕可說是女生版的鬆糕（muffin）。兩者都是單人份、食材簡單的甜點，但有很多不同的地方。首先是外觀：鬆糕麵糰顆粒比較粗，成品高度稍高，有一個滿出紙模的圓頂，叫做「鬆糕頂」（muffin top，也用來比喻從褲頭擠出來的腰間贅肉）；而杯子蛋糕的頂部較平，很容易加上裝飾。

鬆糕沒有裝飾，外觀很明顯比較單純樸拙，源於 19 世紀的英格蘭，最初是以老麵包片和餅乾麵糰混合水煮馬鈴薯做成，用來讓僕人填飽肚子的。

一直到 20 世紀，鬆糕才變得比較像蛋糕而不像麵包。

另外，吃的時間也不一樣。鬆糕通常當成早餐或午餐，主要是提供充足的能量以滿足一天所需的體力，所以比杯子蛋糕大一點，而且沒有花俏的裝飾。

歐洲親戚：修女的嘆息

舊式的杯子蛋糕通常用糖霜裝飾（糖凍霜飾、白脫鮮乳油或糖

霜），裡面包鮮乳油夾心，典型作法會在最上面放一顆糖漬櫻桃裝飾。這個版本的杯子蛋糕類似一種傳統的義式糕點：「修女的嘆息」（Sospiro di Monaca），這種糕點源自卡拉布里亞（Calabria）的巴涅拉卡拉布拉（Bagnara Calabra）。
這種三色糕點在 18 世紀的歐洲食譜就有提到，據說是一名巴涅拉的糖果甜點業者為了討當地一名女孩的歡心而創造出來的，他想請自己心愛的人吃美食，因此設計了這種圓形的小蛋糕，裡面填入卡士達，外面加白色霜飾，最上面放一顆紅紅亮亮的糖漬櫻桃。這種蛋糕好吃到讓修女發出一聲嘆息……另外還有一個說法是，卡拉布里亞的一名糖果甜點業者從他情人的胸部得到靈感，以兩個半圓形的海綿蛋糕，用內餡和糖衣接合，而製作出這道糕點。
西西里島的墨西拿（Messina）有一道名稱和形狀都類似的甜點，這道甜點比較簡單一點，口感更細膩：裡面包力可達乳酪，外面的裝飾只撒粉糖。

千變萬化的材料

杯子蛋糕跟其他的糕點一樣，根據食譜的不同，所用材料有極大的變化。無論是用來做裝飾或做糕體，食材在選擇上都是無止盡的。用來替杯子蛋糕增添風味的食材包括檸檬皮、咖啡、椰絲、榛果醬、新鮮水果或水果乾、葡萄乾、蘭姆酒、綠茶、薄荷糖漿、辣椒等。
不過，倫敦最知名杯子蛋糕店 Lola's Kitchen 的創辦人之一維多利亞 · 喬賽（Victoria Jossel）說得好：「有兩種材料很重要，就是製作時的熱情，和創造的心。」美妙的杯子蛋糕令人想起快樂的兒時回憶，在製作這樣的糕點時，愛與熱忱自然流露。

裝飾的藝術

關鍵在於隨心所欲。沒有隨心所欲裝飾就稱不上是杯子蛋糕。頂層裝飾是那根魔法棒，將簡單的美味蛋糕變成充滿情感的傑作。魔法要完美才能成功，換句話說，裝飾杯子蛋糕的人必須表現出他自己的獨特性。

但在盡情表現企圖心和原創性的同時，還必須兼顧精緻感，讓裝飾與杯子蛋糕的其他部分完美融為一體。也就是說，可以天馬行空，但創意必須與糕體和裝飾所用食材的特性能夠協調。杯子蛋糕因為太小了，自然要維持外觀和口味的平衡。過度裝飾是大忌，裝飾過了頭反而會令人倒胃口。簡言之，原則就是：為了做得好，千萬別做得太多。

杯子蛋糕有很多裝飾方式，可用軟質白脫鮮乳油（butter cream）、泡沫乳油（whipped cream）、卡士達（pastry cream）、粉糖（icing sugar）、巧克力糖霜（chocolate icing）、義式蛋白霜（meringue）或薩白利昂（zabaglione）。最後，還有俗話說的「蛋糕上的櫻桃」，也就是「畫龍點睛」的一步，就是用食譜中已有的食材以各種方式做成頂層裝飾，來補強色彩和造型。

享譽全球

杯子蛋糕從家常糕點變成祕傳美食，從樸拙的鄉村風格變成洗鍊的都會風格，從貧窮下的產物變成令人驚豔的時尚好禮——多年來已經找不到一家糕餅店是不賣杯子蛋糕的；而多虧了電視影集《慾望城市》（Sex and the City），杯子蛋糕紅遍全球。劇中美味的杯子蛋糕以誘惑人心、撫慰人心的姿態登場。特別有一幕，米蘭達和好友凱莉坐在曼哈頓西村「木蘭麵包店」（Magnolia Bakery）外面的長椅上，享用粉紅色糖霜的杯子蛋糕。當時的米蘭達感情受挫，因此跑遍全紐約大啖杯子蛋糕想尋求慰藉。藉由精美可口的迷你蛋糕來解決煩惱，實在是聰明的做法，因為吃下的熱量沒有一般蛋糕那麼高，但樂趣絲毫不減。

完美手冊

雖然說杯子蛋糕鼓勵自由發揮，但還是有幾項原則要守住，以確保佳作出爐。首先，用來製作糕體和裝飾的食材都一定要維持在室溫。

標準的紙模底部直徑 3.8 公分，高 5 公分。比這個小也可以，記得要縮短烘烤的時間。紙模放在鬆糕烤模裡，直接放在烤盤上可能造成杯子蛋糕的樣子稍微跑掉，變得沒那麼美觀。麵糊只能裝到紙模四分之三滿，讓杯子蛋糕在烤的時候有空間膨脹，最後周圍稍微滿出杯緣，中間形成圓頂。

烤箱的溫度一定要設在攝氏 180 度（華氏 350 度），烤 15 分鐘左右。用牙籤刺進杯子蛋糕的中心點，拿出來如果是乾的、沒有沾到麵糊，就表示烤好了，可以從烤箱裡取出。大約靜置 10 分鐘之後，戴上隔熱手套移除鬆糕烤模，讓杯子蛋糕在烤架上冷卻。務必等到完全冷卻才能開始裝飾。

如果要快速製作霜飾，可以準備鮮乳油醬或非常軟的糖霜，把杯子蛋糕放進去轉一圈即可。經典的裝飾是用香草口味的白脫鮮乳油，可以用橡皮刀抹上，也可以利用擠花袋的各種花嘴變換造型。

最後，如果想要裝起來拿去送人，但找不到合適的盒子或容器裝杯子蛋糕，可以把杯子蛋糕裝回之前用來烤的鬆糕烤模。有一個實用的小祕訣：在紙模和鬆糕烤模之間放一條細長的紙片，要把杯子蛋糕拿起來的時候就不會破壞到裝飾。裝飾上出現指紋可是有礙觀瞻的。

另一半的人間天堂：鹹味杯子蛋糕

鹹味杯子蛋糕跟甜味糕點各有一片天，且同樣令人難以抗拒。既然是鹹味的，糕體和裝飾所用的食材也就跟甜味的不一樣。不同歸不同，但這裡所有的食材都一樣美味。不妨一探所在當地品質最優良的農產品，可以參考傳統上如何搭配各種食材，也可以跳脫既有框架創新。鹹味杯子蛋糕同樣也要選用新鮮、高品質的食材，裝飾也一樣要保持平衡。鹹味杯子蛋糕的裝飾包括白脫鮮乳油、鹹味泡沫乳油、各式蛋黃醬、乳酪醬等。
鹹味杯子蛋糕可以增進食慾，因此很適合做為開胃菜。如果是用迷你紙模，直接用手拿了不用坐下就可以吃，不需要用到餐具。

五十道美味

義大利「百味來廚藝學院」（Academia Barilla）是國際級的義大利美食推廣中心，挑選了 50 道杯子蛋糕食譜收錄在本書當中，分成甜味杯子蛋糕、甜味蔬果杯子蛋糕、鹹味杯子蛋糕三大類。雖然這種小糕點是美式烹飪的代表之一，但能夠跟義大利悠久的糕點傳承完美融合。義大利各區都有自創的糕點作法，並向外汲取精華，成就出義大利的糕點傳統。例如西西里島糕點製作的工

藝就是受到阿拉伯的啓發，激盪出許多膾炙人口的美食。

義大利的甜點全球聞名，而杯子蛋糕讓義大利各地的甜點作法有了大好的機會變身，用縮小的方式呈現新風貌。咖啡瑪斯卡邦乳酪杯子蛋糕的靈感來自最紅的義式甜點之一——提拉米蘇，卡普里杯子蛋糕則是迷你版的卡普里蛋糕（源自卡普里島的杏仁或胡桃巧克力蛋糕）。夾心海綿杯子蛋糕是縮小版的英式什錦海綿蛋糕，而含羞草杯子蛋糕則是得名於義大利北部盛開的含羞草花。杏仁軟糖杯子蛋糕選用以杏仁為底的可口鮮乳油；根據方濟會的說法，這種鮮乳油是嘉可瑪 · 塞特索利（Giacoma de Settesoli）在 13 世紀創作出來的。嘉可瑪嫁給羅馬貴族葛拉茲亞諾 · 弗朗吉帕尼（Graziano di Frangipani）後年紀輕輕就守寡，是亞夕西的聖方濟（St Francis of Assisi）的忠實信徒。

鹹味杯子蛋糕是利用高品質農產品重新創造傳統佳餚的絕佳機會。羅勒松子杯子蛋糕聞起來、吃起來都像著名的熱那亞（Genoa）青醬。巴馬乾酪杯子蛋糕和義式火腿杯子蛋糕是向位於義大利東北部的帕多瓦（Padua）致意，這裡是乳酪和醃肉最發達的地方。牛至番茄乾杯子蛋糕讓人聯想到充滿陽光、氣候溫暖的地中海，而蘑菇卡丘卡瓦羅乳酪杯子蛋糕和熟火腿帕芙隆乳酪杯子蛋糕，分別歌頌義大利南部著名的兩種乳酪條（string cheese）。

杯子蛋糕的裝飾，反映出義大利廚藝對每一道菜外觀美感的極端重視，除了要求造型必須賞心悅目，也強調風味的無窮變化。

杯子蛋糕不但適合獨享，也能跟一群人歡樂共享。想像下午茶時間，每個人一手拿著杯子蛋糕、一手端著咖啡，輕鬆地談心話家常。杯子蛋糕總能營造出熱鬧的氣氛，讓每個人更能感染愉快的心情。
一個杯子蛋糕可能吃不了幾口，但在社交場合可是能發揮很大的效果呢！

甜味
杯子蛋糕

罌粟籽
杯子蛋糕

大約可做 18 個的材料

糕體

葵花油、玉米油或花生油 4 大匙（60 毫升）
糖 ½ 杯加 2 大匙（125 公克）
雞蛋 1 顆
鮮奶 ¾ 杯（180 毫升）
中筋麵粉 2 杯加 1 大匙（260 公克）
發粉 2 茶匙（8 公克）
罌粟籽 4 大匙（30 公克）
香草莢 ½ 根，取出籽
鹽

頂層裝飾

鮮乳油 1 杯（250 毫升）
糖 ¼ 杯（50 公克）
罌粟籽

作法

烤箱預熱到 180℃（350 ℉）。
蛋打入碗裡，倒入油和鮮奶打勻。加入罌粟籽、香草籽攪拌均勻。
取另外一個碗，將麵粉、發粉、一撮鹽過篩，加入糖，拌勻。麵粉倒入第一個碗裡，輕輕拌勻不要揉。
在鬆糕烤模內墊上適合的紙模，麵糊裝四分之三滿。
放入烤箱烘烤約 15 到 20 分鐘（確切的時間會因紙模大小而稍有不同），
直到頂部呈褐色，牙籤插入再拔出不會沾黏，即代表烘烤完成。取出靜置到完全冷卻。
趁等候時間製作頂層裝飾，將鮮乳油與糖混和攪打，直到形成尖部為止。
最後在每個杯子蛋糕上放上裝飾，撒上罌粟籽。

備料時間：15 分鐘　烘焙時間：15 到 20 分鐘
難易度：簡單

咖啡
瑪斯卡邦乳酪
杯子蛋糕

大約可做 12 個的材料

糕體

奶油 ⅓ 杯（75 公克）
糖 ⅓ 杯加 1 大匙（80 公克）
雞蛋 1 顆
鮮奶 ¼ 杯加 1 大匙（75 毫升）
即溶咖啡粉 5 茶匙（5 公克）
中筋麵粉 1¼ 杯加 2 大匙（175 公克）
發粉 2 茶匙（8 公克）
鹽

頂層裝飾

鮮乳油 ½ 杯加 2 大匙（150 毫升）
糖 2½ 大匙（30 公克）
瑪斯卡邦乳酪 100 公克
蘭姆酒 1 茶匙（5 毫升）
可可粉

作法

烤箱預熱到 180˚C（350 ˚F）。
取一個碗，放入軟化的奶油和糖快速攪打至發泡。蛋打入碗裡。
即溶咖啡粉先在鮮奶裡溶解，然後倒入碗裡。將麵粉、發粉、一撮鹽過篩後加入碗裡。
在鬆糕烤模內墊上適合的紙模，麵糊裝四分之三滿。
放入烤箱烘烤約 15 到 20 分鐘（確切的時間會因紙模大小而稍有不同），直到頂部呈褐色，
牙籤插入再拔出不會沾黏，即代表烘烤完成。取出靜置冷卻。
趁等待時間製作頂層裝飾，將鮮乳油和糖打勻，
拌入瑪斯卡邦乳酪混勻，然後加入蘭姆酒調味。
最後將每一個已完全冷卻的杯子蛋糕用泡沫乳油裝飾，撒上可可粉。

備料時間：20 分鐘　烘焙時間：15 到 20 分鐘
難易度：簡單

焦糖
杯子蛋糕

大約可做 12 個的材料

糕體

奶油 ⅓ 杯（75 公克）
糖 ¼ 杯加 2 大匙（75 公克）
雞蛋 1 顆
鮮奶 ½ 杯加 1 茶匙（150 毫升）
中筋麵粉 1¼ 杯加 2 大匙（175 公克）
發粉 2 茶匙（8 公克）
香草莢 ½ 根，取出籽
鹽

頂層裝飾

糖 ¼ 杯（50 公克）
水 ⅓ 杯（80 毫升）
蜂蜜 2 茶匙（15 公克）
鮮乳油 ½ 杯（120 毫升）
奶油 ⅔ 杯（150 公克）

作法

烤箱預熱到 180℃（350 ℉）。準備一個小鍋，倒入糖煮成金黃色。然後倒入三分之二的鮮奶，輕輕攪拌到糖均勻溶解。靜置到完全冷卻。取一個碗，放入軟化的奶油和已經冷卻的焦糖，小心混勻。蛋打入碗裡，倒入剩餘的鮮奶打勻。麵粉過篩後跟發粉一起倒入，加入一撮鹽和香草籽混合。
在鬆糕烤模內墊上適合的紙模，麵糊裝四分之三滿。
放入烤箱烘烤約 15 到 20 分鐘（確切的時間會因紙模大小而稍有不同），直到頂部呈褐色，牙籤插入再拔出不會沾黏，即代表烘烤完成。取出靜置冷卻。趁等待時間製作頂層裝飾，用 3 大匙加 1 茶匙（50 毫升）的水煮糖和蜂蜜。糖蜜煮成金褐色後，倒入熱的鮮乳油和剩餘的 2 大匙水（30 毫升），攪拌到焦糖溶解。靜置冷卻。將軟化的奶油和 120 公克焦糖混和打勻。最後將每一個杯子蛋糕用剛完成的鮮乳油裝飾，淋上剩餘的焦糖。也可以再加上造型巧克力薄片。

備料時間：20 分鐘　烘焙時間：15 到 20 分鐘
難易度：簡單

巧克力
杯子蛋糕

大約可做 12 個的材料

糕體

奶油 ⅓ 杯（75 公克）
糖 ¼ 杯加 2 大匙（75 公克）
雞蛋 1 顆
鮮奶 ⅓ 杯加 1 大匙（100 毫升）
可可粉 3½ 大匙（25 公克）
中筋麵粉 1 杯加 3 大匙（150 公克）
發粉 2 茶匙（8 公克）
巧克力豆 80 公克
香草莢 1/2 根，取出籽
鹽

頂層裝飾

鮮乳油 ½ 杯加 2 大匙（150 毫升）
黑巧克力 125 公克

作法

烤箱預熱到 180˚C（350 ˚F）。
取一個碗，放入軟化的奶油和糖快速攪打到發泡。蛋打入碗裡，然後倒入牛奶，加入香草籽。
將麵粉、發粉、可可過篩後加入另一個碗裡，混合一撮鹽。
小心地將這些乾材料加入糕體，麵粉勿加得太快，需充分拌勻。
在鬆糕烤模內墊上適合的紙模，麵糊裝四分之三滿。
放入烤箱烘烤約 15 到 20 分鐘（確切的時間會因紙模大小而稍有不同），直到頂部呈褐色，
牙籤插入再拔出不會沾黏，即代表烘烤完成。取出靜置冷卻。
趁等待時間製作頂層裝飾，用隔水加熱或微波方式讓巧克力豆融化。
另取一碗，將鮮乳油打成軟性發泡，拌入溫熱的巧克力。
最後用完成的巧克力鮮乳油依你喜愛的方式裝飾杯子蛋糕。

備料時間：15 分鐘　烘焙時間：15 到 20 分鐘
難易度：簡單

巧克力
力可達乳酪
杯子蛋糕

大約可做 15 個的材料

糕體

奶油 ⅓ 杯（75 公克）
糖 ¼ 杯加 2 大匙（75 公克）
雞蛋 1 顆
力可達乳酪 150 公克
鮮奶 ⅓ 杯加 1 大匙（90 毫升）
可可粉 3½ 大匙（25 公克）
中筋麵粉 1 杯加 3 大匙（150 公克）
發粉 2 茶匙（8 公克）
香草莢 ½ 根，取出籽
鹽

頂層裝飾

力可達乳酪 235 公克
鮮乳油 ⅔ 杯（165 毫升）
粉糖 ¾ 杯（80 公克）
香草莢 ½ 根，取出籽

作法

烤箱預熱到 180℃（350 ℉）。
將軟化的奶油和糖在碗裡快速攪打到發泡，然後加入力可達乳酪。
加入蛋、牛奶、香草籽，以慢速攪拌均勻。
另取一碗，將麵粉、發粉、可可過篩後加入碗裡，混合一撮鹽。
小心地將這些乾材料加入糕體，麵粉勿加得太快，需充分拌勻。
在鬆糕烤模內墊上適合的紙模，麵糊裝四分之三滿。
放入烤箱烘烤約 15 到 20 分鐘（確切的時間會因紙模大小而稍有不同），
直到頂部呈褐色，牙籤插入再拔出不會沾黏，即代表烘烤完成。取出靜置冷卻。
趁等待時間製作頂層裝飾，取一個碗，將力可達乳酪、糖、香草籽混合，
小心加入發泡的鮮乳油。最後用這剛完成的鮮乳油裝飾已放涼的杯子蛋糕。

備料時間：20 分鐘　烘焙時間：15 到 20 分鐘
難易度：簡單

椰子
杯子蛋糕

大約可做 15 個的材料

糕體

奶油 ⅓ 杯加 2 大匙（100 公克）

糖 ½ 杯（100 公克）

雞蛋 2 顆

鮮奶 2 大匙加 2 茶匙（40 毫升）

中筋麵粉 ¾ 杯加 1 大匙（100 公克）

發粉 1 茶匙（3.5 公克）

椰絲 100 公克

香草莢 ½ 根，取出籽

鹽

頂層裝飾

牛奶巧克力 180 公克

鮮乳油 ¾ 杯加 2 大匙（220 毫升）

椰子粉 ½ 杯

作法

烤箱預熱到 180°C（350 °F）。

將軟化的奶油和糖在碗裡快速攪打到發泡，約 5 分鐘。逐一加入蛋，以慢速攪拌均勻，然後加入牛奶和香草籽。另取一碗，將麵粉、發粉、可可過篩後加入碗裡，混合一撮鹽。

小心地將這些乾材料加入糕體，麵粉勿加得太快，需充分拌勻。

在鬆糕烤模內墊上適合的紙模，麵糊裝四分之三滿。

放入烤箱烘烤約 15 到 20 分鐘（確切的時間會因紙模大小而稍有不同），直到頂部呈褐色，牙籤插入再拔出不會沾黏，即代表烘烤完成。在烤盤中冷卻約 15 分鐘，在移到烤架上使之完全冷卻。

趁等待時間製作頂層裝飾，用隔水加熱或微波方式讓巧克力融化。

取一個碗，將鮮乳油打到鬆軟發泡，拌入溫熱的巧克力。

完成後即可用來裝飾已放涼的杯子蛋糕，最後撒上椰子粉。

備料時間：20 分鐘　烘焙時間：15 到 20 分鐘

難易度：簡單

義式蛋白霜
杏仁杯子蛋糕

大約可做 12 個的材料

糕體

糖 ½ 杯加 2 大匙（125 公克）

雞蛋 1 顆

鮮奶 ⅔ 杯（160 毫升）

葵花油、玉米油或花生油 ⅓ 杯（80 毫升）

中筋麵粉 1½ 杯（180 公克）

杏仁粉 80 公克

發粉 2 茶匙（8 公克）

檸檬 ½ 顆，取皮絲

香草莢 ½ 根，取出籽

鹽

義式蛋白霜

蛋白，取自 2 顆雞蛋

糖 ½ 杯加 1 大匙（110 公克），另備 4 茶匙（15 公克）

水 2 大匙（30 毫升）

作法

烤箱預熱到 180°C（350 °F）。

蛋打入碗裡，倒入鮮奶和油打勻。加入檸檬皮絲、香草籽攪拌均勻。

取另外一個碗，將麵粉和發粉過篩，加入杏仁粉和糖拌勻，最後加入一撮鹽。

麵粉倒入第一個碗裡，輕輕混合就好。在鬆糕烤模內墊上適合的紙模，麵糊裝四分之三滿。

用攝氏 180 度烤約 15 到 20 分鐘（確切的時間會因紙模大小而稍有不同），直到頂部呈褐色，牙籤插入再拔出不會沾黏，即代表烘烤完成。取出放到完全冷卻。

趁等候時間準備義式蛋白霜，準備一個醬料鍋，將 ½ 杯加 1 大匙（110 公克）的糖和水一起煮。煮糖水的同時另外將蛋白和 4 茶匙（15 公克）的糖混合攪拌至發泡。糖水加熱到攝氏 121 度，用細流的方式倒進打發的蛋白裡，繼續打到冷卻。用擠花袋裝蛋白霜，將每一個杯子蛋糕加上裝飾，最後用廚用火焰槍燒一下。

備料時間：30 分鐘　烘焙時間：15 到 20 分鐘

難易度：簡單

榛果巧克力杯子蛋糕

大約可做 12 個的材料

糕體

奶油 4 大匙加 1 茶匙（65 公克）
糖 ¼ 杯加 2 大匙（75 公克）
雞蛋 1 顆
榛果醬 25 公克
鮮奶 ⅓ 杯（80 毫升）
中筋麵粉 1 杯加 3 大匙（150 公克）
可可粉 3½ 大匙（25 公克）
發粉 2 茶匙（8 公克）
香草莢 ½ 根，取出籽
鹽

頂層裝飾

奶油 ⅔ 杯（150 公克）
粉糖 5 大匙（40 公克）
榛果醬 25 公克
牛奶巧克力 25 公克

作法

烤箱預熱到 180°C（350 °F）。將軟化的奶油和糖在碗裡快速攪打到發泡，約 5 分鐘。
另取一碗，將榛果醬和蛋、牛奶、香草籽均勻混合，然後加入奶油，攪拌到充分混合。
另取一碗，將麵粉、發粉、可可粉過篩後加入碗裡，混合一撮鹽。
小心地將這些乾材料加入糕體，麵粉勿加得太快，需充分拌勻。
在鬆糕烤模內墊上適合的紙模，麵糊裝四分之三滿。
放入烤箱烘烤約 15 到 20 分鐘（確切的時間會因紙模大小而稍有不同），直到頂部呈褐色，
牙籤插入再拔出不會沾黏，即代表烘烤完成。
在烤盤中冷卻約 15 分鐘，再移到烤架上使之完全冷卻。
趁等待時間製作頂層裝飾，用隔水加熱或微波方式讓巧克力融化。
將軟化的奶油和粉糖充分混合，加入榛果醬拌勻，融化過的巧克力放涼後加入。
最後用這份榛果巧克力鮮乳油裝飾杯子蛋糕。

備料時間：20 分鐘　烘焙時間：15 到 20 分鐘
難易度：簡單

檸檬杯子蛋糕

大約可做 18 個的材料

糕體

葵花油、玉米油或花生油 4 大匙（60 毫升）
糖 ½ 杯加 2 大匙（125 公克）
雞蛋 1 顆
鮮奶 ¾ 杯（180 毫升）
中筋麵粉 2 杯加 1 大匙（260 公克）
發粉 2 茶匙（8 公克）
檸檬 2 顆，取皮絲
香草莢 ½ 根，取出籽
鹽

頂層裝飾

奶油 5 大匙（80 公克）
粉糖 ½ 杯（45 公克）
檸檬 1½ 顆，取汁及皮絲
蛋黃 3 顆
糖 ⅓ 杯（65 公克）
玉米澱粉 25 公克

作法

烤箱預熱到 180℃（350 ℉）。蛋打入碗裡，倒入油和鮮奶打勻。
加入檸檬皮絲、鹽、香草籽攪拌均勻。取另外一個碗，將麵粉和發粉過篩，接著加入糖拌勻。
處理好的麵粉倒入第一個碗裡，混合均勻。在鬆糕烤模內墊上適合的紙模，麵糊裝四分之三滿。
放入烤箱烘烤約 15 到 20 分鐘（確切的時間會因紙模大小而稍有不同），直到頂部呈褐色，
牙籤插入再拔出不會沾黏，即代表烘烤完成。在烤盤中冷卻約 15 分鐘，再移到烤架上使之完全冷卻。
趁等待時間準備頂層裝飾，準備一個醬料鍋，將奶油、檸檬汁、檸檬皮絲、粉糖煮開。
另外將蛋黃和糖打勻，玉米澱粉過篩後倒入混合。
慢慢將奶油混合物加入蛋黃混合物，攪拌均勻，勿將蛋炒熟。
靜置冷卻，最後用來裝飾杯子蛋糕。

備料時間：20 分鐘　烘焙時間：15 到 20 分鐘
難易度：簡單

開心果迷迭香
杯子蛋糕

大約可做 12 個的材料

糕體

奶油 4 大匙加 2 茶匙（70 公克）
糖 ¼ 杯加 2 大匙（75 公克）
雞蛋 1 顆
鮮奶 ⅓ 杯加 2 茶匙（95 毫升）
開心果醬 45 公克
中筋麵粉 1¼ 杯加 2 大匙（175 公克）
發粉 2 茶匙（8 公克）
迷迭香 1 支
鹽

頂層裝飾

奶油 ¾ 杯加 2 大匙（200 公克）
粉糖 ½ 杯（50 公克）
開心果醬 25 公克
迷迭香 1 支，洗淨拍乾後將葉子切碎
開心果 20 粒切碎
糖

作法

烤箱預熱到 180˚C（350 ˚F）。
將軟化的奶油和糖在碗裡快速攪打到發泡，約 5 分鐘。
拌入開心果醬，再加入蛋和鮮奶攪拌到滑順。另取一碗，將麵粉和發粉過篩，
加入一撮鹽和迷迭香，混勻。在鬆糕烤模內墊上適合的紙模，麵糊裝四分之三滿。
放入烤箱烘烤約 15 到 20 分鐘（確切的時間會因紙模大小而稍有不同），直到頂部呈褐色，
牙籤插入再拔出不會沾黏，即代表烘烤完成。
在烤盤中冷卻約 15 分鐘，再移到烤架上使之完全冷卻。
趁等候時準備頂層裝飾，用打蛋器將奶油和糖打勻，加入開心果醬後再打幾下混勻。
最後杯子蛋糕抹上一層開心果鮮乳油，再撒上切碎的開心果和迷迭香。

備料時間：20 分鐘　烘焙時間：15 到 20 分鐘
難易度：簡單

蘭姆酒杯子蛋糕

大約可做 12 個的材料

糕體

奶油 ⅓ 杯（75 公克）
糖 ¼ 杯加 2 大匙（75 公克）
雞蛋 1 顆
鮮奶 4 大匙加 2 茶匙（70 毫升）
蘭姆酒 2 大匙（30 毫升）
葡萄乾 45 公克
中筋麵粉 1¼ 杯加 2 大匙（175 公克）
發粉 2 茶匙（8 公克）
鹽

頂層裝飾

鮮乳油 ½ 杯（120 毫升）
牛奶巧克力 60 公克，切碎
黑巧克力 60 公克，切碎

作法

烤箱預熱到 180℃（350 ℉）。
葡萄乾在蘭姆酒裡浸泡 10 分鐘左右。將軟化的奶油和糖在碗裡攪拌至發泡，打入蛋和鮮奶。
另取一碗，將麵粉、發粉、一撮鹽過篩，混合，小心拌入溼料，
然後加入四分之三泡過酒的葡萄乾（留下四分之一最後裝飾用）。
在鬆糕烤模內墊上適合的紙模，麵糊裝四分之三滿，
放入烤箱烘烤約 15 到 20 分鐘（確切的時間會因紙模大小而稍有不同），直到頂部呈褐色，
牙籤插入再拔出不會沾黏，即代表烘烤完成。
在烤盤中冷卻約 15 分鐘，再移到烤架上使之完全冷卻。
趁等待時間準備頂層裝飾，將鮮乳油在醬料鍋中煮開，淋到巧克力碎塊上，混合後放涼。
最後將每一個杯子蛋糕用巧克力醬裝飾，擺上一些葡萄乾。

備料時間：15 分鐘　烘焙時間：15 到 20 分鐘
難易度：簡單

抹茶杯子蛋糕

大約可做 18 個的材料

糕體

葵花油、玉米油或花生油 4 大匙（60 毫升）
糖 ½ 杯加 2 大匙（125 公克）
雞蛋 1 顆
鮮奶 ¾ 杯（180 毫升）
中筋麵粉 2 杯加 1 大匙（260 公克）
抹茶粉 2 茶匙（8 公克）
發粉 2 茶匙（8 公克）
鹽

頂層裝飾

鮮乳油 ½ 杯加 2 大匙（150 毫升）
糖 4 茶匙（15 公克）
抹茶粉 ⅔ 茶匙（3 公克）
黑巧克力 / 白巧克力（依個人喜好）

作法

烤箱預熱到 180°C（350 °F）。
抹茶粉在鮮奶裡溶解。另取一碗，蛋打入碗裡，倒入油和一撮鹽打勻，再將抹茶牛奶溶液倒入。
取另外一個碗，將麵粉和發粉過篩，加入糖，拌勻。小心地將乾料加入溼料中。
在鬆糕烤模內墊上適合的紙模，麵糊裝四分之三滿。
放入烤箱烘烤約 15 到 20 分鐘（確切的時間會因紙模大小而稍有不同），直到頂部呈褐色，
牙籤插入再拔出不會沾黏，即代表烘烤完成。
在烤盤中冷卻約 15 分鐘，再移到烤架上使之完全冷卻。
趁等候時間準備頂層裝飾，將鮮乳油和糖在碗中打勻，加入抹茶粉。
用抹茶鮮乳油裝飾杯子蛋糕。也可依個人喜好加上巧克力裝飾。

備料時間：15 分鐘　烘焙時間：15 到 20 分鐘
難易度：簡單

卡普里杯子蛋糕

大約可做 12 個的材料

糕體

奶油 ⅓ 杯（75 公克）
糖 杯加 1 大匙（80 公克）
雞蛋 1 顆
鮮奶 ⅓ 杯加 1 大匙（90 毫升）
中筋麵粉 ¾ 杯加 1 大匙（100 公克）
杏仁粉 50 公克
苦味可可粉 3½ 大匙（25 公克）
發粉 2 茶匙（8 公克）
香草莢 ½ 根，取出籽
鹽

頂層裝飾

鮮乳油 1 杯（250 毫升）
糖 5 茶匙（20 公克）
明膠 1 片，在冷水裡泡軟
巧克力奶油抹醬 150 公克

作法

烤箱預熱到 180℃（350 ℉）。
將軟化的奶油和糖在碗裡快速攪打到發泡，約 5 分鐘，打入蛋，加入鮮奶和香草籽。
麵粉、發粉、可可粉過篩後加入，再加入一撮鹽和杏仁粉，然後將這些乾料倒入溼料中。
在鬆糕烤模內墊上適合的紙模，麵糊裝四分之三滿。
放入烤箱烘烤約 15 到 20 分鐘（確切的時間會因紙模大小而稍有不同），直到頂部呈褐色，牙籤插入再拔出不會沾黏，即代表烘烤完成。
在烤盤中冷卻約 15 分鐘，再移到烤架上使之完全冷卻。趁等候時製作頂層裝飾，將 50 毫升的鮮乳油和巧克力奶油抹醬加在一起煮開，加入明膠，靜置冷卻。
將剩餘的 200 毫升鮮乳油跟糖一起打到發泡，加入巧克力混合物中。
最後將每一個杯子蛋糕用這份鮮乳油裝飾。

備料時間：15 分鐘　烘焙時間：15 到 20 分鐘
難易度：簡單

綜合乾果杯子蛋糕

大約可做 15 個的材料

糕體

奶油⅓杯加 2 大匙（100 公克）
糖½杯（100 公克）
雞蛋 2 顆
鮮奶 3 大匙（45 毫升）
杏仁、榛果、開心果及胡桃 120 公克，用料理機打碎
中筋麵粉¾杯加 1 大匙（100 公克）
發粉 1 茶匙（4 公克）
香草莢½根，取出籽
鹽

頂層裝飾

明膠粉 60 公克
綜合水果乾 120 公克

作法

烤箱預熱到 180°C（350 °F）。
將軟化的奶油和糖在碗裡快速攪打到發泡，約 5 分鐘。
蛋分兩次打入，接著倒入鮮奶混勻，最後加入香草籽。另取一碗，麵粉和發粉過篩倒入，加入打碎的堅果、一撮鹽。將乾料加入溼料中，然後加入切碎的乾果攪拌均勻。
在鬆糕烤模內墊上適合的紙模，麵糊裝四分之三滿。
放入烤箱烘烤約 15 到 20 分鐘（確切的時間會因紙模大小而稍有不同），直到頂部呈褐色，牙籤插入再拔出不會沾黏，即代表烘烤完成。
在烤盤中冷卻約 15 分鐘，再移到烤架上使之完全冷卻。
趁等待時間製作頂層裝飾，取一小碗，用冷水將明膠完全溶解，
在杯子蛋糕的表面刷上一層明膠溶液，
擺上乾果，最後再刷一次明膠，即可上桌。

備料時間：20 分鐘　烘焙時間：15 到 20 分鐘
難易度：簡單

杏仁杯子蛋糕

大約可做 14 個的材料

糕體

奶油 ½ 杯（110 公克）

糖 ½ 杯（100 公克）

雞蛋 2 顆

杏仁軟糖 70 公克

中筋麵粉 1¼ 杯加 2 大匙（175 公克）

發粉 1½ 茶匙（6 公克）

鹽

頂層裝飾

杏仁軟糖 100 公克

蛋黃 1 顆

作法

烤箱預熱到 180°C（350 °F）。

將軟化的奶油、杏仁軟糖、糖在碗裡攪拌均勻。加入蛋繼續攪拌直到完全融合。

另取一碗，將麵粉和發粉過篩，混合一撮鹽拌勻。

在鬆糕烤模內墊上適合的紙模，麵糊裝四分之三滿。

放入烤箱烘烤約 15 到 20 分鐘（確切的時間會因紙模大小而稍有不同），直到頂部呈褐色，

牙籤插入再拔出不會沾黏，即代表烘烤完成。

在烤盤中冷卻約 15 分鐘，再移到烤架上使之完全冷卻。

趁等待時間製作頂層裝飾，取一碗將蛋黃和杏仁軟糖混合，

倒在杯子蛋糕上，待水分蒸發後，用烹飪用火焰槍燒一下。

備料時間：15 分鐘　烘焙時間：15 到 20 分鐘

難易度：簡單

薄荷巧克力
杯子蛋糕

大約可做 12 個的材料

糕體

奶油 ⅓ 杯（75 公克）
糖 ¼ 杯加 2 大匙（75 公克）
雞蛋 1 顆

薄荷部分

薄荷糖漿 2 大匙（30 毫升）
中筋麵粉 ¾ 杯（90 公克）
發粉 1 茶匙（4 公克）
綠色食用色素（依個人喜好）
鹽

巧克力部分

鮮奶 4 大匙加 2 茶匙（70 毫升）
中筋麵粉 ½ 杯加 5 茶匙（75 公克）
可可粉 2 大匙（15 公克）
發粉 2 茶匙（8 公克）
鹽

頂層裝飾

鮮乳油 ⅓ 杯加 1 茶匙（90 毫升）
薄荷糖漿 2 大匙（30 毫升）
黑巧克力 120 公克
薄荷葉，洗淨拍乾

作法

烤箱預熱到 180℃（350 ℉）。將奶油和糖在碗裡攪拌均勻，加入蛋，打勻後分成兩份。第一份用於薄荷糕體，先將麵粉和發粉過篩混合，然後連同薄荷糖漿一起加入蛋液中。可以滴一兩滴綠色食用色素增加色澤。第二份用於巧克力糕體，先將麵粉、發粉過篩，可可粉和一撮鹽混合拌勻，然後將牛奶和這些乾料一起加入第二份蛋液中。在鬆糕烤模內墊上適合的紙模，麵糊裝四分之三滿。放入烤箱烘烤約 15 到 20 分鐘（確切的時間會因紙模大小而稍有不同），直到頂部呈褐色，牙籤插入再拔出不會沾黏，即代表烘烤完成。在烤盤中冷卻約 15 分鐘，再移到烤架上使之完全冷卻。趁等待時間製作頂層裝飾，將鮮乳油和薄荷糖漿一起用醬料鍋煮開，淋到已放在碗中的巧克力碎片上，攪拌至巧克力完全融化。冷卻後拿來裝飾杯子蛋糕，最後適量擺上新鮮薄荷葉和巧克力碎片。

備料時間：15 分鐘　烘焙時間：15 到 20 分鐘
難易度：簡單

夾心海綿杯子蛋糕

大約可做 12 個的材料

糕體

奶油 ⅓ 杯（75 公克）
糖 ¼ 杯加 2 大匙（75 公克）
雞蛋 1 顆
鮮奶 4 大匙加 2 茶匙（70 毫升）
中筋麵粉 1¼ 杯加 2 大匙（175 公克）
發粉 2 茶匙（8 公克）
檸檬 ¼ 顆，取皮絲
香草莢 ¼ 根，取出籽
鹽

頂層裝飾

卡士達 150 公克
胭脂甜酒
可可粉

作法

烤箱預熱到 180℃（350 ℉）。
將軟化的奶油和糖在碗裡攪拌均勻，打入蛋、鮮奶和香草籽。
另取一碗，將麵粉和發粉過篩，加入一撮鹽混勻，然後連同檸檬皮絲加入前面的溼料中。
在鬆糕烤模內墊上適合的紙模，麵糊裝四分之三滿。
放入烤箱烘烤約 15 到 20 分鐘（確切的時間會因紙模大小而稍有不同），直到頂部呈褐色，牙籤插入再拔出不會沾黏，即代表烘烤完成。在烤盤中冷卻約 15 分鐘，再移到烤架上使之完全冷卻。
冷卻後，用小型的圓柱切模在海綿蛋糕中央壓下，取出一塊圓柱狀的蛋糕，下半部切除不用，上半部浸泡胭脂甜酒。每個杯子蛋糕的中空部分填入卡士達，然後蓋上泡過甜酒的小圓塊蛋糕。最後撒上可可粉裝飾。

備料時間：15 分鐘　烘焙時間：15 到 20 分鐘
難易度：簡單

榛果杯子蛋糕

大約可做 14 個的材料

糕體

奶油 ½ 杯（110 公克）
糖 ½ 杯（100 公克）
雞蛋 2 顆
榛果醬 50 公克
中筋麵粉 ¾ 杯加 1 大匙（100 公克）
發粉 1 茶匙（4 公克）
榛果粒 50 公克
鹽

頂層裝飾

新鮮卡普里諾乳酪 200 公克
糖 ¼ 杯加 2 茶匙（60 公克）
榛果醬 40 公克
鮮乳油 ⅓ 杯加 1 大匙（100 毫升）
明膠 1 片
榛果粒

作法

烤箱預熱到 180˚C（350 ˚F）。
將軟化的奶油和糖在碗裡攪拌均勻，蛋分兩次打入，混合榛果醬。另取一碗，將麵粉、發粉過篩，與一撮鹽混合，然後將這些乾料連同碎榛果一起加入溼料中。
在鬆糕烤模內墊上適合的紙模，麵糊裝四分之三滿。
放入烤箱烘烤約 15 到 20 分鐘（確切的時間會因紙模大小而稍有不同），直到頂部呈褐色，牙籤插入再拔出不會沾黏，即代表烘烤完成。在烤盤中冷卻約 15 分鐘，再移到烤架上使之完全冷卻。趁等待時間製作頂層裝飾。取一攪拌碗，將新鮮卡普里諾乳酪、糖、榛果醬和事先以水溶解的明膠充分混合。
接著加入打發的鮮乳油，攪拌均勻。
最後將每一個杯子蛋糕用這份鮮乳油裝飾，撒上榛果粒。

備料時間：15 分鐘　烘焙時間：15 到 20 分鐘
難易度：簡單

優格橄欖油
杯子蛋糕

大約可做 8 個的材料

糕體

特級初榨橄欖油 5 茶匙（25 毫升）
糖 ¼ 杯加 2 茶匙（60 公克）
雞蛋 1 顆
優格 65 公克
中筋麵粉 ½ 杯（60 公克）
澱粉 4 茶匙（20 公克）
發粉 1 茶匙（4 公克）
檸檬 ½ 顆，取皮絲
柳橙 ½ 顆，取皮絲
鹽

頂層裝飾

優格 250 公克
糖 ½ 杯（100 公克）
明膠 4 到 5 片
鮮乳油 1 杯（250 毫升）

作法

烤箱預熱到 180°C（350 °F）。將蛋和糖在碗裡攪拌均勻。加入柳橙皮絲和檸檬皮絲，
邊攪拌邊加入過好篩的麵粉和澱粉、發粉、一撮鹽。
將這些乾料加入蛋液中，然後慢慢加入橄欖油和優格，攪拌均勻。
在鬆糕烤模內墊上適合的紙模，麵糊裝四分之三滿。
放入烤箱烘烤約 15 到 20 分鐘（確切的時間會因紙模大小而稍有不同），直到頂部呈褐色，
牙籤插入再拔出不會沾黏，即代表烘烤完成。
在烤盤中冷卻約 15 分鐘，再移到烤架上使之完全冷卻。
趁等待時間製作頂層裝飾，鮮乳油打發，放進冰箱裡冷藏。
明膠在冷水裡浸泡幾分鐘軟化。
用中火加熱 3¼ 大匙（50 公克）的優格和糖，煮開後鍋子離火，
明膠先擠乾水分再放入。稍微放涼一下，然後加入剩餘的優格。
利用最後的餘溫輕輕拌入泡沫乳油，拌勻後拿來裝飾杯子蛋糕。

備料時間：15 分鐘　烘焙時間：15 到 20 分鐘
難易度：簡單

麝香薩白利昂
杯子蛋糕

大約可做 18 個的材料

糕體

葵花油、玉米油或花生油⅔杯（165 毫升）

糖½杯加 2 大匙（125 公克）

雞蛋 1 顆

麝香葡萄酒⅔杯（170 毫升）

中筋麵粉 2 杯加 1 大匙（260 公克）

發粉 2 茶匙（8 公克）

鹽

頂層裝飾

雞蛋 2 顆

蛋黃 2 顆

糖½杯（140 公克）

玉米澱粉 10 公克

麝香葡萄酒 150 毫升

作法

烤箱預熱到 180℃（350 ℉）。

將麝香葡萄酒和油、雞蛋在碗裡攪拌均勻。取另外一個碗，將糖、麵粉、發粉、一撮鹽過篩。

將這些乾料倒入溼料碗裡，混合均勻。在鬆糕烤模內墊上適合的紙模，麵糊裝四分之三滿。

放入烤箱烘烤約 15 到 20 分鐘（確切的時間會因紙模大小而稍有不同），直到頂部呈褐色，

牙籤插入再拔出不會沾黏，即代表烘烤完成。在烤盤中冷卻約 15 分鐘，再移到烤架上使之完全冷卻。

趁等待時間製作頂層裝飾用的薩白利昂鮮乳油。

將蛋、蛋黃、糖和篩過的玉米粉一起打勻。酒用醬料鍋加熱至微滾，

然後緩緩倒在雞蛋混合物上，期間務必持續攪拌直到完全均勻。靜置冷卻。

最後裝飾在每一個杯子蛋糕上。

備料時間：15 分鐘　烘焙時間：15 到 20 分鐘

難易度：簡單

含羞草杯子蛋糕

大約可做 10 個的材料

糕體

奶油 ⅓ 杯（75 公克）
糖 ¼ 杯加 2 大匙（75 公克）
雞蛋 1 顆
鮮奶 ⅓ 杯加 1 大匙（100 毫升）
中筋麵粉 1¼ 杯加 2 大匙（175 公克）
發粉 2 茶匙（8 公克）
檸檬 ½ 顆，取皮絲
香草莢 ½ 根，取出籽
鹽

頂層裝飾

奶油 ⅔ 杯（150 公克）
粉糖 ½ 杯（50 公克）
香草莢 ½ 根，取出籽

作法

烤箱預熱到 180°C（350 °F）。
將軟化的奶油和糖在碗裡攪打到發泡，約 4 分鐘，打入蛋和鮮奶攪拌均勻。
取另一碗，倒入過篩的麵粉、發粉、一撮鹽，混合後加入溼料中攪拌均勻。
在鬆糕烤模內墊上適合的紙模，麵糊裝四分之三滿。
放入烤箱烘烤約 15 到 20 分鐘（確切的時間會因紙模大小而稍有不同），直到頂部呈褐色，
牙籤插入再拔出不會沾黏，即代表烘烤完成。
在烤盤中冷卻約 15 分鐘，再移到烤架上使之完全冷卻。
趁等待時間製作頂層裝飾，將軟化的奶油和粉糖打勻，加入香草籽混合。
其中兩個杯子蛋糕切丁，其餘的杯子蛋糕抹上奶油鮮乳油，
擺上蛋糕丁，輕壓一下固定。

備料時間：20 分鐘　烘焙時間：15 到 20 分鐘
難易度：簡單

甜味蔬果
杯子蛋糕

甜味菠菜
杯子蛋糕

大約可做 6 個的材料

糕體

葵花油、玉米油或花生油 2 大匙（30 毫升）

菠菜 40 公克，煮熟瀝乾後切碎

中筋麵粉 ¾ 杯（90 公克）

發粉 1½ 茶匙（6 公克）

雞蛋 1 顆

蛋黃 1 顆

糖 ½ 杯（100 公克）

檸檬 ½ 顆，取皮絲

香草莢 ½ 根，取出籽

鹽

頂層裝飾

杏仁軟糖 60 公克

作法

烤箱預熱到 180℃（350 °F）。

在鍋中將鹽水煮滾，加入波菜，燙 4 分鐘或煮到軟，然後將水瀝乾放涼。

另取一碗將，蛋黃、蛋、糖打匀，加入檸檬皮絲和香草籽混合。將前項蛋液淋上波菜，緩緩倒入油，一邊攪拌。另外用一個碗加入過篩的麵粉、發粉和一撮鹽。

將乾料加入溼料中拌匀。在鬆糕烤模內墊上適合的紙模，麵糊裝四分之三滿。

放入烤箱烘烤約 15 到 20 分鐘（確切的時間會因紙模大小而稍有不同），直到頂部呈褐色，牙籤插入再拔出不會沾黏，即代表烘烤完成。

在烤盤中冷卻約 15 分鐘，再移到烤架上使之完全冷卻。

最後依個人喜好用適量的杏仁軟糖裝飾杯子蛋糕。

備料時間：15 分鐘　烘焙時間：15 到 20 分鐘

難易度：簡單

森林水果
杯子蛋糕

大約可做 16 個的材料

糕體

葵花油、玉米油或花生油4大匙（60毫升）
糖 ½ 杯加 2 大匙（125 公克）
雞蛋 1 顆
鮮奶 ¾ 杯（180 毫升）
中筋麵粉 2 杯加 1 大匙（260 公克）
醋栗、樹莓、黑莓及藍莓 125 公克
發粉 2 茶匙（8 公克）
香草莢 ½ 根，取出籽
檸檬 ½ 顆，取皮絲
鹽

頂層裝飾

醋栗、樹莓、黑莓及藍莓 125 公克
糖 ¼ 杯加 2 茶匙（60 公克）
鮮乳油 ¾ 杯加 2 大匙（220 毫升）
明膠 1 片
檸檬汁數滴

作法

烤箱預熱到 180℃（350 ℉）。
蛋打入碗裡，倒入鮮奶和油打勻。取另外一個碗，將麵粉和發粉過篩，加入糖、一撮鹽、檸檬皮絲、香草籽，拌勻。將這份乾料和水果倒入第一個碗的溼料中，水果須保持完整。
在鬆糕烤模內墊上適合的紙模，麵糊裝四分之三滿。
放入烤箱烘烤約 15 到 20 分鐘（確切的時間會因紙模大小而稍有不同），直到頂部呈褐色，牙籤插入再拔出不會沾黏，即代表烘烤完成。在烤盤中冷卻約 15 分鐘，再移到烤架上使之完全冷卻。趁等待時間製作頂層裝飾，明膠放進冷水裡浸泡。
將三分之一份量的水果、糖和數滴檸檬汁混合泡軟，之後煮到小滾，加入明膠，靜置冷卻。
在開始凝固之前，拌入打成半發的鮮乳油。
最後用森林水果鮮乳油裝飾杯子蛋糕，擺上剩餘的水果。

備料時間：15 分鐘　烘焙時間：15 到 20 分鐘
難易度：簡單

樹莓巧克力
杯子蛋糕

大約可做 15 個的材料

糕體

葵花油、玉米油或花生油 4 大匙（60 毫升）
糖 ½ 杯加 2 大匙（125 公克）
雞蛋 1 顆
鮮奶 ¾ 杯（180 毫升）
中筋麵粉 230 公克
可可粉 4 大匙（30 公克）
樹莓 150 公克
巧克力豆 50 公克
發粉 2 茶匙（8 公克）
香草莢 ½ 根，取出籽
鹽

頂層裝飾

黑巧克力 150 公克
鮮乳油 ¾ 杯（180 毫升）
樹莓 45 顆
粉糖

作法

烤箱預熱到 180˚C（350 ˚F）。用一個大碗，將蛋、鮮奶和油打勻。
取另外一個碗，將麵粉、可可粉、發粉過篩混合。加入糖、一撮鹽和香草籽拌勻。
將這份乾料倒入前一個碗的溼料裡，並放入巧克力豆和樹莓，輕輕翻攪，不要弄破樹莓。
在鬆糕烤模內墊上適合的紙模，麵糊裝四分之三滿。
放入烤箱烘烤約 15 到 20 分鐘（確切的時間會因紙模大小而稍有不同），直到頂部呈褐色，
牙籤插入再拔出不會沾黏，即代表烘烤完成。在烤盤中冷卻約 15 分鐘，再移到烤架上使之完全冷卻。
趁等待時間製作頂層裝飾，用隔水加熱或微波方式讓巧克力融化，放涼。
將鮮乳油打 3-5 分鐘至略發泡。將冷卻的巧克力拌入鮮乳油。
最後用這巧克力鮮乳油裝飾杯子蛋糕，
每一個杯子蛋糕放上 3 顆樹莓，撒上一層粉糖。

備料時間：15 分鐘　烘焙時間：15 到 20 分鐘
難易度：簡單

芒果辣椒
杯子蛋糕

大約可做 14 個的材料

糕體

葵花油、玉米油或花生油 4 大匙（60 毫升）
糖 ½ 杯加 1 大匙（110 公克）
雞蛋 1 顆
芒果 1 顆，去皮後取 200 公克果肉
中筋麵粉 2 杯加 1 大匙（260 公克）
發粉 2 茶匙（8 公克）
辣椒
鹽

頂層裝飾

芒果漿 110 公克
明膠 1 片，在冷水裡泡軟
糖 2½ 大匙（30 公克）
鮮乳油 100 公克，打發成泡沫乳油

作法

烤箱預熱到 180˚C（350 ˚F）。芒果肉打成漿。蛋打入碗裡，倒入芒果漿和油打勻。
取另外一個碗，將糖、麵粉、發粉過篩混合，然後加入一點辣椒和一撮鹽混合。
將這些乾料倒入第一個碗的溼料裡，輕輕混合不要揉。
在鬆糕烤模內墊上適合的紙模，麵糊裝四分之三滿。
放入烤箱烘烤約 15 到 20 分鐘（確切的時間會因紙模大小而稍有不同），直到頂部呈褐色，
牙籤插入再拔出不會沾黏，即代表烘烤完成。取出靜置冷卻。
趁等待時間製作頂層裝飾，將三分之一的芒果漿和糖在小鍋裡煮開，火關掉，
放入明膠攪拌均勻。靜置冷卻。
在開始凝固之前，拌入剩餘的芒果漿和泡沫乳油。
最後用這份芒果鮮乳油裝飾杯子蛋糕。

備料時間：30 分鐘　烘焙時間：15 到 20 分鐘
難易度：簡單

櫻桃蛋白霜
杯子蛋糕

大約可做 12 個的材料

糕體

奶油 ⅓ 杯（75 公克）
糖 ¼ 杯加 2 大匙（75 公克）
雞蛋 1 顆
鮮奶 ⅓ 杯加 1 大匙（100 毫升）
開心果 20 公克，切碎
糖漬櫻桃 12 顆，去核瀝乾
中筋麵粉 1⅓ 杯（170 公克）
發粉 2 茶匙（8 公克）
香草莢 ½ 根，取出籽
鹽

頂層裝飾

蛋白，取自 2 顆雞蛋
糖 ½ 杯加 1 大匙（110 公克）
糖 4 茶匙（15 公克）
水 2 大匙（30 毫升）
杏仁片 20 公克
粉糖

作法

烤箱預熱到 180℃（350 ℉）。將軟化的奶油和糖在碗裡攪拌均勻，打入蛋，再倒入鮮奶、香草籽和開心果碎粒。另取一碗，倒入過篩的麵粉、發粉和一撮鹽。將此乾料加入上一碗的溼料中拌勻。在鬆糕烤模內墊上適合的紙模，麵糊裝四分之三滿，每一個放上一顆糖漬櫻桃。放入烤箱烘烤約 15 到 20 分鐘（確切的時間會因紙模大小而稍有不同），直到頂部呈褐色，牙籤插入再拔出不會沾黏，即代表烘烤完成。在烤盤中冷卻約 15 分鐘，再移到烤架上使之完全冷卻。趁等候時間製作頂層裝飾用蛋白霜。準備一個醬料鍋，倒入 ½ 杯加 1 大匙（110 公克）的糖和 2 大匙的水，加熱至 120℃（250 ℉）。煮糖水的同時，另取一碗將蛋白和剩下的糖打勻。煮好的糖水趁熱慢慢倒入打發的蛋白裡，繼續打到冷卻。將蛋白霜裝入擠花袋後開始裝飾杯子蛋糕，撒上杏仁片和粉糖，最後送進預熱到 180℃（350 ℉）的烤箱裡再烤 5 分鐘。

備料時間：30 分鐘　烘焙時間：15 到 20 分鐘
難易度：簡單

南瓜杯子蛋糕

大約可做 8 個的材料

糕體

奶油 4 大匙加 2 茶匙（70 公克）
糖 ⅓ 杯加 1 大匙（80 公克）
雞蛋 1 顆
南瓜 300 公克
中筋麵粉 1⅓ 杯（170 公克）
發粉 2¼ 茶匙（9 公克）
檸檬 ½ 顆，取皮絲
香草莢 ½ 根，取出籽
鹽

頂層裝飾

卡士達 300 公克
黑巧克力 40 公克

作法

烤箱預熱到 180℃（350 ℉）。
南瓜洗乾淨後去皮、去籽、去薄膜，切成小塊，用適合的蒸籠蒸 30 分鐘，蒸到軟。
（也可以用壓力鍋煮 5 到 8 分鐘。）蒸好後打成南瓜泥。
將軟化的奶油和糖在碗裡攪拌均勻，然後打入蛋，再加入 120 公克的南瓜泥、檸檬皮絲、鹽。
另取一碗，倒入過篩的麵粉、發粉和香草籽，加入前一碗的溼料中。
在鬆糕烤模內墊上適合的紙模，麵糊裝四分之三滿。
放入烤箱烘烤約 15 到 20 分鐘（確切的時間會因紙模大小而稍有不同），直到頂部呈褐色，
牙籤插入再拔出不會沾黏，即代表烘烤完成。在烤盤中冷卻約 15 分鐘，
再移到烤架上使之完全冷卻。
趁等待時間製作頂層裝飾，用隔水加熱或微波方式讓巧克力融化，
跟溫熱的卡士達混合。冷卻後拿來裝飾杯子蛋糕。

備料時間：45 分鐘　烘焙時間：15 到 20 分鐘
難易度：簡單

杏果巧克力
杯子蛋糕

大約可做 12 個的材料

糕體

奶油 ⅓ 杯（75 公克）
糖 ¼ 杯加 2 大匙（75 公克）
雞蛋 1 顆
鮮奶 ⅓ 杯加 1 大匙（100 毫升）
中筋麵粉 1¼ 杯加 2 大匙（175 公克）
牛奶巧克力 50 公克
杏果乾 85 公克，切丁
發粉 2 茶匙（8 公克）
香草莢 ½ 根，取出籽
鹽

頂層裝飾

奶油 ⅓ 杯加 2 大匙（100 公克）
粉糖 3 大匙（25 公克）
牛奶巧克力 125 公克
杏果乾 12 個

作法

烤箱預熱到 180℃（350 ℉）。將軟化的奶油和糖在碗裡攪拌均勻；
用隔水加熱或微波爐融化巧克力，加入融化的巧克力、蛋、鮮奶、香草籽。
另取一碗，加入過篩後的麵粉、發粉、一撮鹽，全部倒入前一碗的溼料中，
最後加入杏果乾，攪拌均勻。在鬆糕烤模內墊上適合的紙模，麵糊裝四分之三滿。
放入烤箱烘烤約 15 到 20 分鐘（確切的時間會因紙模大小而稍有不同），直到頂部呈褐色，
牙籤插入再拔出不會沾黏，即代表烘烤完成。
在烤盤中冷卻約 15 分鐘，再移到烤架上使之完全冷卻。
趁等待時間製作頂層裝飾。將奶油和粉糖拌勻，加入融化的巧克力，充分混合後放涼，
即可用來裝飾杯子蛋糕。最後放上杏果乾，再用刀子削一些巧克力屑撒上。

備料時間：15 分鐘　烘焙時間：15 到 20 分鐘
難易度：簡單

香蕉胡桃
杯子蛋糕

大約可做 12 個的材料

糕體

奶油 5 大匙（80 公克）
糖 ¼ 杯加 2 大匙（75 公克）
雞蛋 1 顆
鮮奶 3 大匙加 1 茶匙（50 毫升）
胡桃仁 50 公克，切碎
中筋麵粉 1¼ 杯加 2 大匙（175 公克）
發粉 2 茶匙（8 公克）
香蕉 1 根
檸檬 ½ 顆，取皮絲
肉桂
香草莢 ½ 根，取出籽
鹽

頂層裝飾

鮮乳油 3 大匙加 1 茶匙（50 毫升）
黑巧克力 50 公克，切碎
胡桃仁

作法

烤箱預熱到 180℃（350 ℉）。
將軟化的奶油和糖在碗裡攪拌均勻。放入香蕉、蛋、鮮奶、檸檬皮絲和香草籽，充分拌勻。
另取一碗，將過篩的麵粉、發粉、一撮鹽、少許肉桂混合均勻，最後加入胡桃仁。
在鬆糕烤模內墊上適合的紙模，麵糊裝四分之三滿。
放入烤箱烘烤約 15 到 20 分鐘（確切的時間會因紙模大小而稍有不同），直到頂部呈褐色，
牙籤插入再拔出不會沾黏，即代表烘烤完成。在烤盤中冷卻約 15 分鐘，
再移到烤架上使之完全冷卻。趁等待時間製作頂層裝飾，
用醬料鍋把鮮乳油煮開，倒入巧克力碎塊。
冷卻後即可開始裝飾杯子蛋糕，最後每一個蛋糕放上一顆胡桃仁。

備料時間：15 分鐘　烘焙時間：15 到 20 分鐘
難易度：簡單

胡蘿蔔杯子蛋糕

大約可做 15 個的材料

糕體

奶油 5 大匙（80 公克）
糖 6 大匙（75 公克）
蛋黃 3 顆
蛋白，取自 2 顆雞蛋
中筋麵粉 ¾ 杯（90 公克）
鮮奶 4 茶匙（20 毫升）
胡蘿蔔絲 125 公克
杏仁碎塊 50 公克
發粉 2 茶匙（8 公克）
檸檬 ½ 顆，取皮絲
香草莢 ½ 根，取出籽
肉桂
鹽

頂層裝飾

杏仁軟糖 100 公克
食用色素
蛋白，取自 ½ 顆雞蛋
檸檬汁 2 到 3 滴
粉糖 60 公克

作法

烤箱預熱到 180℃（350 ℉）。
將軟化的奶油和 2½ 大匙（30 公克）的糖在碗裡攪拌均勻。加入蛋黃，倒入鮮奶，
最後加入檸檬皮絲和香草籽。另取一碗，混合蛋白和剩餘的 3½ 大匙（45 公克）糖，打到發泡。
另外用一個碗把過篩的麵粉、發粉、一撮鹽、少許肉桂加入混合。
把上述乾料、胡蘿蔔和杏仁放進前一碗的蛋黃混合物中，中間交替加入蛋白泡，漸次降低稠度。
在鬆糕烤模內墊上適合的紙模，麵糊裝四分之三滿。
放入烤箱烘烤約 15 到 20 分鐘（確切的時間會因紙模大小而稍有不同），直到頂部呈褐色，
牙籤插入再拔出不會沾黏，即代表烘烤完成。在烤盤中冷卻約 15 分鐘，
再移到烤架上使之完全冷卻。趁等待時間製作頂層裝飾，
將蛋白、糖、檸檬汁打勻。每一個杯子蛋糕舀上一小球糖霜，
擺上胡蘿蔔造型的杏仁軟糖，用橘色和綠色食用色素上色。

備料時間：30 分鐘　烘焙時間：15 到 20 分鐘
難易度：簡單

蘋果肉桂
葡萄乾
杯子蛋糕

大約可做 12 個的材料

糕體

奶油 ⅓ 杯（75 公克）
糖 ¼ 杯加 2 大匙（75 公克）
雞蛋 1 顆
鮮奶 ⅓ 杯加 1 大匙（100 毫升）
中筋麵粉 1¼ 杯加 2 大匙（175 公克）
蘋果 1 顆，切丁
葡萄乾 70 公克
發粉 2 茶匙（8 公克）
檸檬 ½ 顆，取皮絲
香草莢 ½ 根
肉桂
鹽

頂層裝飾

卡士達 120 公克
奶油 2½ 大匙（35 公克）

作法

烤箱預熱到 180℃（350 ℉）。將軟化的奶油和糖在碗裡攪拌均勻。
加入蛋打散，然後倒入鮮奶、檸檬皮絲和香草籽。另外用一個碗，麵粉過篩後跟發粉一起加入，再放入一撮鹽、肉桂。最後放入蘋果丁和葡萄乾，混合均勻。
在鬆糕烤模內墊上適合的紙模，麵糊裝四分之三滿。
放入烤箱烘烤約 15 到 20 分鐘（確切的時間會因紙模大小而稍有不同），直到頂部呈褐色，牙籤插入再拔出不會沾黏，即代表烘烤完成。
在烤盤中冷卻約 15 分鐘，再移到烤架上使之完全冷卻。
趁等待時間製作頂層裝飾，奶油軟化後跟卡士達混合，用打蛋器打勻。
最後依個人喜好裝飾杯子蛋糕。

備料時間：15 分鐘　烘焙時間：15 到 20 分鐘
難易度：簡單

橙香橄欖
杯子蛋糕

大約可做 8 個的材料

糕體

奶油 ⅓ 杯（75 公克）
糖 1¼ 杯加 2 大匙（275 公克）
雞蛋 1 顆
鮮奶 ⅓ 杯加 1 大匙（90 毫升）
柳橙甜酒 2 大匙（30 毫升）
中筋麵粉 1¼ 杯加 2 大匙（175 公克）
發粉 2 茶匙（8 公克）
柳橙 1 顆，取皮絲
黑橄欖 50 公克，去核
水 150 毫升
鹽

頂層裝飾

黑巧克力 50 公克，切碎
鮮乳油 3 大匙加 1 茶匙（50 毫升）
柳橙 1 顆

作法

烤箱預熱到 180℃（350 ℉）。
前一天先將橄欖在水龍頭下沖洗乾淨，以金屬或強化玻璃容器儲存備用。
同時加熱 1 杯（200 公克）的糖和 150 毫升的水。糖水煮開後淋在橄欖上，留待隔天使用。
將軟化的奶油和剩餘的 ¼ 杯加 2 大匙（75 公克）糖在碗裡攪拌均勻，
依序加入柳橙皮絲、蛋、鮮奶、甜酒。另外用一個碗，放入過篩的麵粉、發粉、一撮鹽，
最後將橄欖瀝乾切成圓圈狀加入。在鬆糕烤模內墊上適合的紙模，麵糊裝四分之三滿。
放入烤箱烘烤約 15 到 20 分鐘（確切的時間會因紙模大小而稍有不同），
直到頂部呈褐色，牙籤插入再拔出不會沾黏，即代表烘烤完成。
在烤盤中冷卻約 15 分鐘，再移到烤架上使之完全冷卻。
趁等待時間製作頂層裝飾，柳橙洗淨拍乾後切片。鮮乳油用醬料鍋煮開，
放入巧克力碎塊，放涼。冷卻後用來裝飾杯子蛋糕，最後擺上一片柳橙。

備料時間：24 小時又 10 分鐘　烘焙時間：15 到 20 分鐘
難易度：簡單

梨香巧克力
杯子蛋糕

大約可做 12 個的材料

糕體

奶油 ⅓ 杯（75 公克）
糖 ⅓ 杯加 1 大匙（80 公克）
雞蛋 1 顆
黑巧克力 25 公克
鮮奶 ⅓ 杯加 1 大匙（100 毫升）
中筋麵粉 1 杯加 3 大匙（150 公克）
可可粉 3½ 大匙（25 公克）
梨子 1 顆，削皮後切丁
發粉 2 茶匙（8 公克）
香草莢 ½ 根，取出籽
鹽

頂層裝飾

力可達乳酪 150 公克
糖 3 大匙（25 公克）
鮮乳油 杯加 1 大匙（100 毫升）
黑巧克力 50 公克

作法

烤箱預熱到 180˚C（350 ˚F）。
將軟化的奶油和糖以攪拌碗高速攪打約 5 分鐘到發泡。巧克力用隔水加熱或微波爐融化，冷卻後加入。
打入蛋，倒入鮮奶，香草籽。麵粉先過篩，混合發粉、可可粉、一撮鹽，最後放入梨子丁拌勻。
在鬆糕烤模內墊上適合的紙模，麵糊裝四分之三滿。
放入烤箱烘烤約 15 到 20 分鐘（確切的時間會因紙模大小而稍有不同），直到頂部呈褐色，
牙籤插入再拔出不會沾黏，即代表烘烤完成。
在烤盤中冷卻約 15 分鐘，再移到烤架上使之完全冷卻。
趁等待時間製作頂層裝飾。力可達乳酪過篩，跟糖一起打勻，加入融化的巧克力。
另取一碗將鮮乳油打到略發泡，然後拌入上述力可達乳酪混合物。
完成後依個人喜好裝飾杯子蛋糕，加上擺飾。

備料時間：15 分鐘　烘焙時間：15 到 20 分鐘
難易度：簡單

水蜜桃杏仁甜酒 杯子蛋糕

大約可做 12 個的材料

糕體

奶油 ⅓ 杯（75 公克）

糖 ¼ 杯加 2 大匙（75 公克）

雞蛋 1 顆

鮮奶 4 大匙加 2 茶匙（70 毫升）

杏仁甜酒 5 茶匙（25 毫升）

中筋麵粉 1¼ 杯加 2 大匙（175 公克）

糖漬水蜜桃 100 公克，瀝乾後切丁

蛋白杏仁甜餅 50 公克，壓碎

發粉 2 茶匙（8 公克）

鹽

頂層裝飾

鮮乳油 ½ 杯加 2 大匙（150 毫升）

糖 5 大匙（40 公克）

糖漬水蜜桃 100 公克，瀝乾

明膠 1 片

作法

烤箱預熱到 180℃（350 ℉）。

將軟化的奶油和糖以攪拌碗高速攪打約 5 分鐘到發泡，然後打入蛋和鮮奶。

另外用一個碗，倒入過篩的麵粉和一撮鹽。把這些乾料加入前一碗的溼料中，

最後加入水蜜桃丁、捏碎的蛋白杏仁甜餅和杏仁甜酒。

在鬆糕烤模內墊上適合的紙模，麵糊裝四分之三滿。

放入烤箱烘烤約 15 到 20 分鐘（確切的時間會因紙模大小而稍有不同），直到頂部呈褐色，

牙籤插入再拔出不會沾黏，即代表烘烤完成。

在烤盤中冷卻約 15 分鐘，再移到烤架上使之完全冷卻。

趁等待時間製作頂層裝飾，明膠用冷水浸泡。將水蜜桃和糖打勻。

明膠擠乾後放入水蜜桃泥。鮮乳油打發後拌入。

完成後依個人喜好裝飾杯子蛋糕，加上擺飾。

備料時間：20 分鐘　烘焙時間：15 到 20 分鐘

難易度：簡單

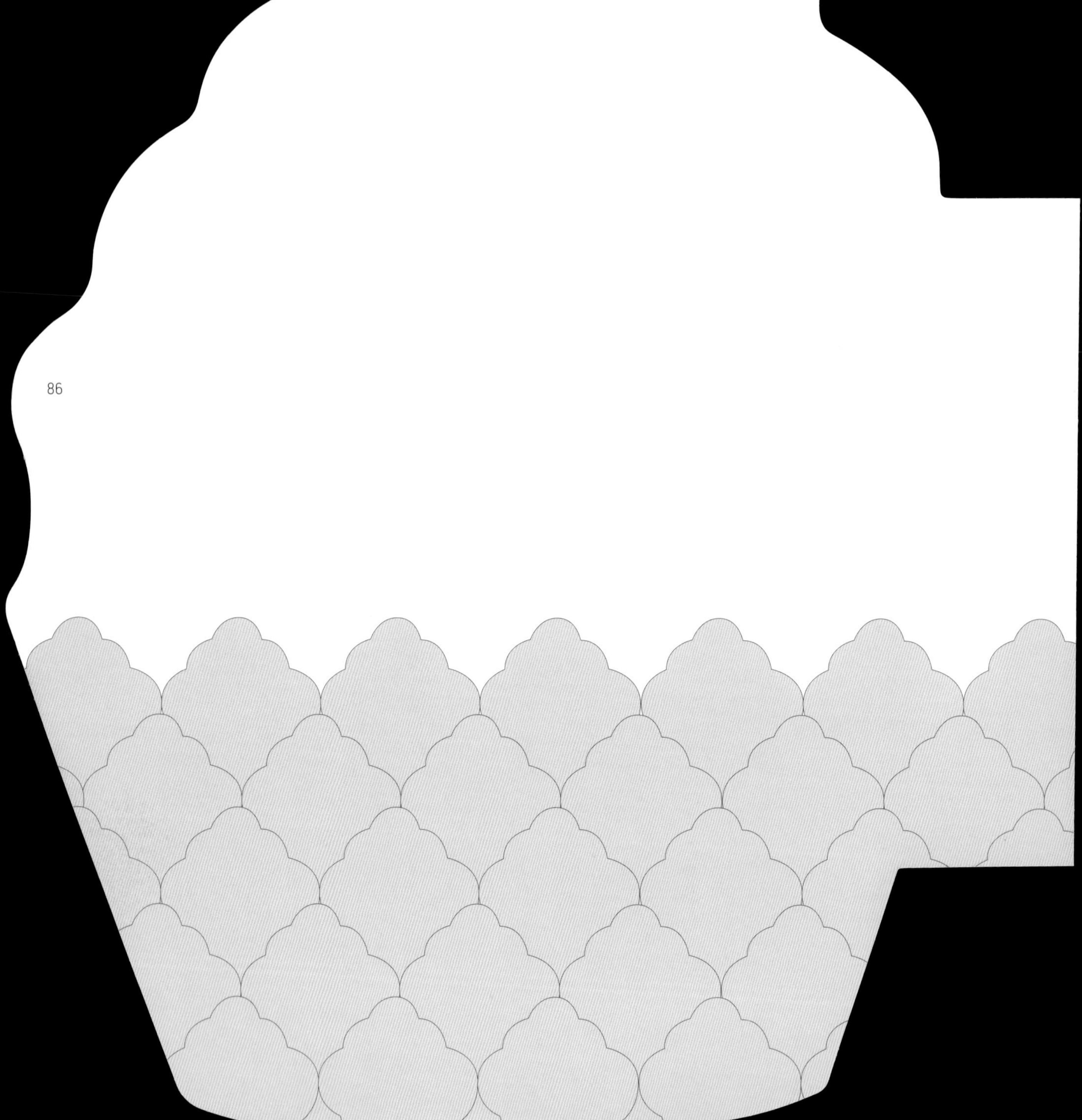

鹹味
杯子蛋糕

甜椒杯子蛋糕

大約可做 12 個的材料

糕體

葵花油、玉米油或花生油 4 茶匙（20 毫升）
雞蛋 2 顆
中筋麵粉 1 杯加 4 茶匙（135 公克）
巴馬乾酪 10 公克，磨碎
發粉 2½ 茶匙（10 公克）
紅色甜椒 1 顆
鹽及胡椒

頂層裝飾

力可達乳酪 200 公克
黑橄欖，去核後切成中空的小圓片
鹽及胡椒

作法

烤箱預熱到 180℃（350 ℉），甜椒烤約 15 到 20 分鐘，烤到軟。
烤好後剝除外皮，搗成泥。蛋打入碗裡，加入油、70 公克的甜椒泥、少許鹽和胡椒打勻。
另外用一個碗，加入過篩的麵粉、發粉和乳酪，然後將這些乾料加入上述溼料中，充分拌勻。
在鬆糕烤模內墊上適合的紙模，麵糊裝四分之三滿。
放入烤箱烘烤約 15 到 20 分鐘（確切的時間會因紙模大小而稍有不同），直到頂部呈褐色，
牙籤插入再拔出不會沾黏，即代表烘烤完成。
在烤盤中冷卻約 15 分鐘，再移到烤架上使之完全冷卻。
趁等待時間製作頂層裝飾，用打蛋器將力可達乳酪與 50 公克的甜椒泥打勻。
斟酌加入鹽和胡椒。完成後拿來裝飾杯子蛋糕，最後放上一片黑橄欖。

備料時間：45 分鐘　烘焙時間：15 到 20 分鐘
難易度：簡單

芝麻亞麻仁
葵花籽杯子蛋糕

大約可做 15 個的材料

糕體

初榨橄欖油 2 大匙（30 毫升）

雞蛋 3 顆

鮮奶 杯加 1 大匙（100 毫升）

中筋麵粉 1½ 杯加 2 大匙（200 公克）

巴馬乾酪 25 公克，磨碎

葵花籽 35 公克

芝麻籽 20 公克

亞麻仁 15 公克

發粉 4 茶匙（16 公克）

鹽和胡椒

頂層裝飾

新鮮軟質乳酪 200 公克

初榨橄欖油 4 茶匙（20 毫升）

鹽和胡椒

作法

烤箱預熱到 180°C（350 °F）。

蛋打入碗裡，倒入油和鮮奶打勻，用鹽和胡椒調味。

另外用一個碗，把麵粉、發粉和一撮鹽過篩混勻，加入巴馬乾酪和芝麻籽（保留一些頂層裝飾用）。

將乾料全部加入溼料中，充分拌勻。

在鬆糕烤模內墊上適合的紙模，麵糊裝四分之三滿。

放入烤箱烘烤約 15 到 20 分鐘（確切的時間會因紙模大小而稍有不同），直到頂部呈褐色，

牙籤插入再拔出不會沾黏，即代表烘烤完成。

在烤盤中冷卻約 15 分鐘，再移到烤架上使之完全冷卻。

趁等待時間製作頂層裝飾，將軟質乳酪和油攪拌均勻，視個人喜好調味。

完成後拿來裝飾杯子蛋糕，最後放上幾顆芝麻籽、亞麻仁和葵花籽。

備料時間：15 分鐘　烘焙時間：15 到 20 分鐘

難易度：簡單

羅勒松子杯子蛋糕

大約可做 8 個的材料

糕體

初榨橄欖油 4 茶匙（20 毫升）
雞蛋 2 顆
鮮奶 ¼ 杯加 1 大匙（75 毫升）
中筋麵粉 1 杯加 4 茶匙（135 公克）
巴馬乾酪 20 公克
卡丘塔乳酪 35 公克，磨碎
發粉 2½ 茶匙（10 公克）
羅勒葉 10 片
松子 35 公克
鹽和胡椒

頂層裝飾

力可達乳酪 100 公克
特級初榨橄欖油 1 大匙（5 毫升）
巴馬乾酪 60 公克，磨碎
羅勒葉 4 片，洗淨瀝乾後切碎
鹽和胡椒

作法

烤箱預熱到 180℃（350 ℉）。卡丘塔乳酪切丁備用。羅勒爆香，放涼後撕碎。
另取一碗，打入蛋，倒入油和鮮奶打勻，用鹽和胡椒調味。
再用另一個碗，麵粉過篩與發粉混合，然後加入乳酪、松子和羅勒。
將乾料加入前一碗的溼料中混合均勻，但不要過度攪拌。
在鬆糕烤模內墊上適合的紙模，麵糊裝四分之三滿。
放入烤箱烘烤約 15 到 20 分鐘（確切的時間會因紙模大小而稍有不同），
直到頂部呈褐色，牙籤插入再拔出不會沾黏，即代表烘烤完成。
在烤盤中冷卻約 15 分鐘，再移到烤架上使之完全冷卻。
趁等待時間製作頂層裝飾，用打蛋器將力可達乳酪打勻，一邊慢慢倒入橄欖油。
接著加入 10 公克的巴馬乾酪和羅勒，用鹽和胡椒調味。
準備一個煎鍋，將剩餘的巴馬乾酪（50 公克）煎成 8 個圓形薄片。
用完成的乳酪慕思裝飾杯子蛋糕，最後各插上一片巴馬薄片。

備料時間：20 分鐘　烘焙時間：15 到 20 分鐘
難易度：簡單

蘑菇
卡丘卡瓦羅乳酪
杯子蛋糕

大約可做 8 個的材料

糕體

葵花油、玉米油或花生油 5 茶匙（25 毫升）

雞蛋 2 顆

鮮奶 4 大匙加 2 茶匙（70 毫升）

中筋麵粉 1 杯加 4 茶匙（135 公克）

巴馬乾酪 20 公克，磨碎

卡丘卡瓦羅乳酪 80 公克，切丁

蘑菇 125 公克，洗淨後切丁

發粉 2½ 茶匙（10 公克）

帶梗百里香 1 支

大蒜 1 小瓣

鹽和及胡椒

頂層裝飾

卡丘卡瓦羅乳酪

作法

烤箱預熱到 180˚C（350 ˚F）。用平底鍋熱一點油，放入蘑菇丁、大蒜、百里香，拌炒 2 分鐘。

碗裡打入一顆蛋，加入 4 茶匙的油（20 毫升）、鮮奶、帕瑪森、鹽、胡椒打勻。

另取一碗，將麵粉與發粉過篩混合，然後放入卡丘卡瓦羅和蘑菇。

將這些乾料加入溼料，混合拌勻。

在鬆糕烤模內墊上適合的紙模，麵糊裝四分之三滿。

放入烤箱烘烤約 15 到 20 分鐘（確切的時間會因紙模大小而稍有不同），直到頂部呈褐色，

牙籤插入再拔出不會沾黏，即代表烘烤完成。

在烤盤中冷卻約 15 分鐘，再移到烤架上使之完全冷卻。

最後用削皮刀將卡丘卡瓦羅乳酪削成片，

每個杯子蛋糕放上幾一片裝飾。

備料時間：30 分鐘　烘焙時間：15 到 20 分鐘

難易度：簡單

胡桃
哥岡卓拉乳酪
杯子蛋糕

大約可做 12 個的材料

糕體

葵花油、玉米油或花生油 4 茶匙（20 毫升）

雞蛋 2 顆

鮮奶 ¼ 杯（65 毫升）

中筋麵粉 1 杯加 4 茶匙（135 公克）

巴馬乾酪 70 公克，磨碎

哥岡卓拉乳酪 80 公克，切丁

發粉 2½ 茶匙（10 公克）

去殼胡桃 70 公克，切碎

鹽和胡椒

頂層裝飾

哥岡卓拉乳酪 150 公克，切丁

奶油 70 公克

胡桃仁

作法

烤箱預熱到 180℃（350 ℉）。

蛋打入碗裡，倒入油和鮮奶打勻，用鹽和胡椒調味。另取一碗，將麵粉、發粉和一撮鹽過篩混合，加入巴馬乾酪和切碎的胡桃。將乾料倒入溼料中，最後加入哥岡卓拉乳酪丁，拌勻。

在鬆糕烤模內墊上適合的紙模，麵糊裝四分之三滿。

放入烤箱烘烤約 15 到 20 分鐘（確切的時間會因紙模大小而稍有不同），直到頂部呈褐色，牙籤插入再拔出不會沾黏，即代表烘烤完成。

在烤盤中冷卻約 15 分鐘，再移到烤架上使之完全冷卻。

趁等待時間製作頂層裝飾，用打蛋器將軟化的奶油打散，加入哥岡卓拉乳酪丁，繼續打勻。

最後將每個杯子蛋糕用一小球哥岡卓拉鮮乳油裝飾，放上一個胡桃仁。

備料時間：20 分鐘　烘焙時間：15 到 20 分鐘

難易度：簡單

巴馬乾酪杯子蛋糕

大約可做 12 個的材料

糕體

初榨橄欖油 2 大匙（30 毫升）
雞蛋 3 顆
鮮奶 ⅓ 杯加 1 大匙（100 毫升）
中筋麵粉 200 公克
巴馬乾酪 150 公克，磨碎
發粉 4 茶匙（16 公克）
鹽和胡椒

頂層裝飾

鮮乳油 ⅓ 杯加 1 大匙（100 毫升）
巴馬乾酪 40 公克，磨碎
明膠 1 片，在冷水裡泡軟後擠乾

作法

烤箱預熱到 180°C（350 °F）。蛋打入碗裡，倒入油和鮮奶打勻，用鹽和胡椒調味。
另取一碗，將麵粉、發粉和一撮鹽過篩混合，加入巴馬乾酪。將乾料全部倒入溼料中拌勻。
在鬆糕烤模內墊上適合的紙模，麵糊裝四分之三滿。
放入烤箱烘烤約 15 到 20 分鐘（確切的時間會因紙模大小而稍有不同），
直到頂部呈褐色，牙籤插入再拔出不會沾黏，即代表烘烤完成。
在烤盤中冷卻約 15 分鐘，再移到烤架上使之完全冷卻。
趁等待時間製作頂層裝飾。用小鍋把鮮乳油煮開，然後關火，
放入明膠和巴馬乾酪混合均勻，冷卻後用打蛋器攪打，即可用來裝飾杯子蛋糕。

備料時間：20 分鐘　烘焙時間：15 到 20 分鐘
難易度：簡單

韭菜佐煙燻義式培根
杯子蛋糕

大約可做 10 個的材料

糕體

初榨橄欖油 4 茶匙（20 毫升）

雞蛋 2 顆

鮮奶 ¼ 杯加 1 大匙（75 毫升）

中筋麵粉 1 杯加 4 茶匙（135 公克）

奶油 2 茶匙（10 公克）

巴馬乾酪 20 公克，磨碎

韭菜 1 根，洗淨後切絲

煙燻義式培根 45 公克，切丁

發粉 2½ 茶匙（10 公克）

鹽和胡椒

頂層裝飾

煙燻義式培根薄片 10 片

另備 清炒用油

作法

烤箱預熱到 180°C（350 °F）。取一醬料鍋，用奶油將 100 公克的韭菜絲煮軟，
然後加入義式培根一起拌炒幾分鐘。在碗中加入麵粉、發粉、乳酪、鹽和胡椒，
再加入炒好的義式培根和韭菜混合均勻，不要過度攪拌。
在鬆糕烤模內墊上適合的紙模，麵糊裝四分之三滿。
放入烤箱烘烤約 15 到 20 分鐘（確切的時間會因紙模大小而稍有不同），直到頂部呈褐色，
牙籤插入再拔出不會沾黏，即代表烘烤完成。
在烤盤中冷卻約 15 分鐘，再移到烤架上使之完全冷卻。
趁等待時間製作頂層裝飾，用醬料鍋把義式培根煎到酥脆。
用另一個小鍋爆炒剩餘的韭菜，炒好後把油瀝乾。
最後用義式培根片和韭菜絲裝飾杯子蛋糕。

備料時間：1 小時　烘焙時間：15 到 20 分鐘
難易度：簡單

青花菜火腿杯子蛋糕

大約可做 15 個的材料

糕體

初榨橄欖油 4 茶匙（20 毫升）
雞蛋 2 顆
鮮奶 2 大匙加 2 茶匙（40 毫升）
中筋麵粉 1 杯加 4 茶匙（135 公克）
巴馬乾酪 20 公克，磨碎
熟火腿 90 公克，切丁
小型青花菜 1 顆
發粉 2½ 茶匙（10 公克）
鹽和胡椒

頂層裝飾

熟火腿 150 公克
奶油 4 大匙加 2 大匙（70 公克）
鹽和胡椒

作法

烤箱預熱到 180°C（350 °F）。
青花菜洗乾淨，在鹽水裡小滾 5 分鐘。瀝乾後放涼，取 150 公克打成泥。
蛋打入碗裡，加入油、鮮奶、鹽、胡椒、青花菜泥拌勻。
麵粉與發粉過篩放入另一碗，加入乳酪和熟火腿丁。將乾料加入溼料中混合均勻，不要過度攪拌。
在鬆糕烤模內墊上適合的紙模，麵糊裝四分之三滿。
放入烤箱烘烤約 15 到 20 分鐘（確切的時間會因紙模大小而稍有不同），直到頂部呈褐色，
牙籤插入再拔出不會沾黏，即代表烘烤完成。
在烤盤中冷卻約 15 分鐘，再移到烤架上使之完全冷卻。
趁等待時間製作頂層裝飾，將火腿和冰冷的奶油切丁，用料理機打成慕思，
視所需用鹽和胡椒調味，即可拿來裝飾杯子蛋糕。

備料時間：30 分鐘　烘焙時間：15 到 20 分鐘
難易度：簡單

鮮蝦榛果杯子蛋糕

大約可做 12 個的材料

糕體

初榨橄欖油 4 茶匙（20 毫升）
雞蛋 2 顆
鮮奶 ¼ 杯（65 毫升）
中筋麵粉 1 杯加 4 茶匙（135 公克）
帶尾蝦仁 100 公克，切小段
巴馬乾酪 35 公克，磨碎
烤榛果 35 公克，切碎
發粉 2¾ 茶匙（11 公克）
鹽和胡椒

頂層裝飾

蛋黃醬 100 公克
帶尾蝦子 12 隻
特級初榨橄欖油 1 茶匙（5 毫升）
義大利香芹，洗淨瀝乾
鹽

作法

烤箱預熱到 180℃（350 ˚F）。
蛋打入碗裡，加入油、鮮奶、鹽、胡椒打勻。另取一碗，將麵粉與發粉過篩混合，
然後加入乳酪、蝦肉、榛果粒。將此乾料加入前一碗溼料中拌勻，勿過度攪拌。
在鬆糕烤模內墊上適合的紙模，麵糊裝四分之三滿。
放入烤箱烘烤約 15 到 20 分鐘（確切的時間會因紙模大小而稍有不同），直到頂部呈褐色，
牙籤插入再拔出不會沾黏，即代表烘烤完成。
在烤盤中冷卻約 15 分鐘，再移到烤架上使之完全冷卻。
趁等待時間用平底鍋熱油，撒一撮鹽，12 隻蝦子入鍋，每面煎 1 分鐘。
最後用蛋黃醬裝飾杯子蛋糕，每個蛋糕放上一隻蝦子和一片義大利香芹。

備料時間：20 分鐘　烘焙時間：15 到 20 分鐘
難易度：簡單

橄欖杯子蛋糕

大約可做 15 個的材料

糕體

初榨橄欖油 4 茶匙（20 毫升）
雞蛋 2 顆
鮮奶 ¼ 杯（65 毫升）
中筋麵粉 1 杯加 4 茶匙（135 公克）
莫札瑞拉乳酪 50 公克，切丁
綠橄欖 65 公克，去核切成中空的小圓片
橄欖糊 15 公克
發粉 2½ 茶匙（10 公克）
鹽和胡椒

頂層裝飾

力可達乳酪 70 公克
初榨橄欖油 1 茶匙（5 毫升）
巴馬乾酪 10 公克，磨碎
綠橄欖，去核後切半
鹽和胡椒

作法

烤箱預熱到 180℃（350 ℉）。
蛋打入碗裡，加入油、鮮奶、鹽、胡椒、橄欖糊，打勻。
另取一碗，麵粉與發粉過篩混合，再加入莫札瑞拉乳酪丁和橄欖片。
將乾料加入前一碗的溼料中混合均勻。
在鬆糕烤模內墊上適合的紙模，麵糊裝四分之三滿。
放入烤箱烘烤約 15 到 20 分鐘（確切的時間會因紙模大小而稍有不同），直到頂部呈褐色，
牙籤插入再拔出不會沾黏，即代表烘烤完成。
在烤盤中冷卻約 15 分鐘，再移到烤架上使之完全冷卻。
趁等待時間製作頂層裝飾。在碗裡放入力可達乳酪和少許橄欖油打勻，
加入巴馬乾酪，用鹽和胡椒調味。
最後將每一個杯子蛋糕用這份乳酪鮮乳油裝飾，並且放上半顆橄欖。

備料時間：15 分鐘　烘焙時間：15 到 20 分鐘
難易度：簡單

牛至番茄乾
杯子蛋糕

大約可做 12 個的材料

糕體

初榨橄欖油 4 茶匙（20 毫升）
雞蛋 2 顆
鮮奶 ¼ 杯（65 毫升）
中筋麵粉 1 杯加 4 茶匙（135 公克）
格呂耶爾乳酪 65 公克，磨碎
番茄乾 30 公克，切碎
發粉 2¾ 茶匙（11 公克）
羅勒 3 片，洗淨瀝乾後大致切碎
牛至，大致切碎
鹽和及胡椒

頂層裝飾

奶油 4 大匙（60 公克）
鯷魚糊 15 公克
脫水番茄 1 顆，切絲
牛至

作法

烤箱預熱到 180℃（350 ℉）。
蛋打入碗裡，倒入油和鮮奶打勻，用鹽和胡椒調味。另取一碗，麵粉與發粉過篩混合，再加入乳酪、番茄乾、羅勒、牛至。將乾料混入前一碗溼料中拌勻。
在鬆糕烤模內墊上適合的紙模，麵糊裝四分之三滿。
放入烤箱烘烤約 15 到 20 分鐘（確切的時間會因紙模大小而稍有不同），直到頂部呈褐色，牙籤插入再拔出不會沾黏，即代表烘烤完成。
在烤盤中冷卻約 15 分鐘，再移到烤架上使之完全冷卻。
趁等待時間製作頂層裝飾，將軟化的奶油和鯷魚糊打勻，抹在杯子蛋糕上，最後放上番茄乾和牛至。

備料時間：20 分鐘　烘焙時間：15 到 20 分鐘
難易度：簡單

熟火腿
帕芙隆乳酪
杯子蛋糕

大約可做 10 個的材

糕體

初榨橄欖油 4 茶匙（20 毫升）
雞蛋 2 顆
鮮奶 ¼ 杯加 1 大匙（75 毫升）
中筋麵粉 1 杯加 4 茶匙（135 公克）
巴馬乾酪 10 公克，磨碎
帕芙隆乳酪 100 公克，切丁
熟火腿 100 公克，切丁
發粉 2½ 茶匙（10 公克）
鹽及胡椒

頂層裝飾

熟火腿 100 公克，單片
奶油 2 大匙（30 公克）
鹽及胡椒

作法

烤箱預熱到 180℃（350 ℉）。蛋打入碗裡，加入油、鮮奶、鹽、胡椒打勻。
另取一碗，將麵粉和發粉過篩混合，然後加入乳酪和火腿丁。將乾料混入前一碗的溼料中拌勻。
在鬆糕烤模內墊上適合的紙模，麵糊裝四分之三滿。
放入烤箱烘烤約 15 到 20 分鐘（確切的時間會因紙模大小而稍有不同），直到頂部呈褐色，
牙籤插入再拔出不會沾黏，即代表烘烤完成。
在烤盤中冷卻約 15 分鐘，再移到烤架上使之完全冷卻。
趁等待時間製作頂層裝飾，用打蛋器將軟化的奶油打散，加入少許鹽和胡椒調味。
火腿片用鐵板燒或煎烤盤烤過，然後用小型的圓形糕餅切模壓出 10 個小圓片。
最後每個杯子蛋糕舀上一小球奶油裝飾，並且放上一小片烤火腿。

備料時間：15 分鐘　烘焙時間：15 到 20 分鐘
難易度：簡單

義式火腿杯子蛋糕

大約可做 12 個的材料

糕體

初榨橄欖油 4 茶匙（20 毫升）
雞蛋 2 顆
鮮奶 ¼ 杯（65 毫升）
中筋麵粉 1 杯加 4 茶匙（135 公克）
巴馬乾酪 70 公克，磨碎
義式火腿 80 公克，切丁
發粉 2½ 茶匙（10 公克）
鹽和胡椒

頂層裝飾

義式火腿 12 片

作法

烤箱預熱到 180℃（350 ℉）。
蛋打入碗裡，加入油、鮮奶、鹽、胡椒打勻。另取一碗，
放入過篩混合的麵粉和發粉，再加入巴馬乾酪刨片和義式火腿。
將乾料混入前一碗的溼料中拌勻。在鬆糕烤模內墊上適合的紙模，麵糊裝四分之三滿。
放入烤箱烘烤約 15 到 20 分鐘（確切的時間會因紙模大小而稍有不同），直到頂部呈褐色，
牙籤插入再拔出不會沾黏，即代表烘烤完成。
在烤盤中冷卻約 15 分鐘，再移到烤架上使之完全冷卻。
最後將每一個杯子蛋糕放上用一小片義式火腿裝飾。

備料時間：15 分鐘　烘焙時間：15 到 20 分鐘
難易度：簡單

香料植物
力可達乳酪
杯子蛋糕

大約可做 12 個的材料

糕體

特級初榨橄欖油 4 茶匙（20 毫升）
雞蛋 2 顆
鮮奶 ¼ 杯（65 毫升）
中筋麵粉 1 杯加 4 茶匙（135 公克）
力可達乳酪 100 公克
巴馬乾酪 15 公克，磨碎
香料植物 150 公克
發粉 2¾ 茶匙（11 公克）
鹽和胡椒

頂層裝飾

鮮乳油 ¾ 杯加 1 茶匙（200 毫升）
巴馬乾酪 50 公克，磨碎
明膠 2 片，在冷水裡泡軟後擠乾
辣椒粉
鹽

作法

烤箱預熱到 180℃（350 °F）。首先將香料植物洗淨去梗後切碎。
蛋打入碗裡，加入油、力可達、香料植物、鮮奶、鹽、胡椒打勻。
另取一碗，將麵粉與發粉過篩混合，再加入巴馬乾酪刨片。
將乾料混入前一碗的溼料中拌勻。在鬆糕烤模內墊上適合的紙模，麵糊裝四分之三滿。
放入烤箱烘烤約 15 到 20 分鐘（確切的時間會因紙模大小而稍有不同），
直到頂部呈褐色，牙籤插入再拔出不會沾黏，即代表烘烤完成。
在烤盤中冷卻約 15 分鐘，再移到烤架上使之完全冷卻。
趁等待時間製作頂層裝飾，將鮮乳油煮開，
放入明膠和巴馬乾酪，加入一撮鹽調味。
冷卻後用擠花袋擠出乳酪鮮乳油裝飾杯子蛋糕，再撒上一點辣椒粉。

備料時間：30 分鐘　烘焙時間：15 到 20 分鐘
難易度：簡單

茴香煙燻鮭魚
杯子蛋糕

大約可做 12 個的材料

糕體

初榨橄欖油 6 茶匙（30 毫升）
雞蛋 2 顆
鮮奶 ¼ 杯（65 毫升）
中筋麵粉 1 杯加 4 茶匙（135 公克）
巴馬乾酪 15 公克，磨碎
煙燻鮭魚 45 公克，切成細絲
茴香 200 公克，洗淨後切丁
發粉 2¾ 茶匙（11 公克）
牛至
鹽和胡椒

頂層裝飾

力可達乳酪 150 公克
鮮乳油 3 大匙加 1 茶匙（50 毫升）
煙燻鮭魚 6 片，切半
蒔蘿，切碎
鹽

作法

烤箱預熱到 180℃（350 ℉）。平底鍋裡倒入 2 茶匙的橄欖油（10 毫升），滴少許水，茴香丁入鍋，加入鹽和胡椒調味，煮 5 分鐘，放涼。蛋打入碗裡，倒入剩餘的 4 茶匙橄欖油（20 毫升）和鮮奶打勻，用鹽和胡椒調味。另取一碗，將麵粉與發粉過篩混合，再加入乳酪、鮭魚絲和茴香丁。將乾料混入前一碗的溼料中拌勻。在鬆糕烤模內墊上適合的紙模，麵糊裝四分之三滿。放入烤箱烘烤約 15 到 20 分鐘（確切的時間會因紙模大小而稍有不同），直到頂部呈褐色，牙籤插入再拔出不會沾黏，即代表烘烤完成。在烤盤中冷卻約 15 分鐘，再移到烤架上使之完全冷卻。趁等待時間製作頂層裝飾，鮮乳油加入過篩的力可達乳酪一起打發。用鹽和蒔蘿調味。最後將每一個杯子蛋糕用少許的乳酪鮮乳油裝飾，放上半片煙燻鮭魚。

備料時間：30 分鐘　烘焙時間：15 到 20 分鐘
難易度：簡單

鮪魚杯子蛋糕

大約可做 18 個的材料

糕體

初榨橄欖油 4 茶匙（20 毫升）
油漬鮪魚 150 公克，瀝乾
油漬鯷魚柳 10 公克，瀝乾
續隨子 8 公克，洗淨
雞蛋 2 顆
鮮奶 ¼ 杯（65 毫升）
中筋麵粉 1 杯加 4 茶匙（135 公克）
發粉 2½ 茶匙（10 公克）
巴馬乾酪 10 公克，磨碎
鹽和胡椒

頂層裝飾

蛋黃醬 50 公克
續隨子
鯷魚柳

作法

用料理機將鮪魚、鯷魚、續隨子打成泥。蛋打入碗裡，加入油、鮮奶、鹽、胡椒打勻。
加入 75 公克的魚肉泥，拌勻。另取一碗，將麵粉與發粉過篩混合，加入巴馬乾酪。
將乾溼食材全部混合拌勻，不要過度攪拌。
在鬆糕烤模內墊上適合的紙模，麵糊裝四分之三滿。
放入烤箱烘烤約 15 到 20 分鐘（確切的時間會因紙模大小而稍有不同），直到頂部呈褐色，
牙籤插入再拔出不會沾黏，即代表烘烤完成。
在烤盤中冷卻約 15 分鐘，再移到烤架上使之完全冷卻。
趁等待時間製作頂層裝飾，將蛋黃醬和剩餘的魚肉泥混合均勻，
用來裝飾杯子蛋糕，最後每個蛋糕放上一片鯷魚柳和續隨子。

備料時間：20 分鐘　烘焙時間：15 到 20 分鐘
難易度：簡單

食材索引
按筆畫排列

八畫

九畫

十畫

十六畫

十七畫

十八畫

十九畫

二十畫

二十一畫

二十四畫

百味來廚藝學院

將義大利廚藝推向世界各地

帕馬是義大利最著名的美食之都之一，而百味來中心就位於帕馬的心臟地帶。這個現代建築群的所在地是百味來義大利麵工廠的舊址，現在是百味來廚藝學院的校本部。學院創立於 2004 年，宗旨是推廣義大利烹飪藝術，保護地方性的廚藝遺產以避免遭到模仿或假冒，並發揚義大利餐飲業的偉大傳統。百味來廚藝學院匯集了烹飪界最優秀的專業人才與最有創意的頭腦。這裡為烹飪愛好者舉辦烹飪課程，為餐飲從業人員提供服務，也供應最高品質的產品。2007 年，百味來廚藝學院以其向全世界推廣義大利飲食文化與創意所做的努力，獲頒「企業文化獎」（Premio Impresa-Cultura）。百味來中心專為飲食界的訓練需求而設計，並備有一切籌辦大型活動所需的多媒體設備。引人注目的廚藝演講廳周圍設有餐廳、感覺分析實驗室，以及配備了最新科技的各式教學空間。廚藝圖書館的藏書超過 1 萬冊，更保存了許多珍貴的古老食譜，以及烹飪的相關印刷品。這座圖書館的龐大文化遺產可透過網路查詢，有數百篇歷史文獻的內文已數位化，可線上閱讀。憑著這種前衛的作風，加上國際知名的專家團隊坐鎮，百味來廚藝學院得以提供豐富多元的課程，同時滿足餐廳主廚和業餘美食愛好者的需求。此外，為推展烹飪藝術，百味來廚藝學院規畫了許多開放一般民衆參加的文化活動，邀請專家、主廚和食評家指導。學院也籌辦「百味來廚藝學院電影獎」，表揚致力於推廣義大利烹飪傳統的短片。

www.academiabarilla.com

NOTES

128

杯子蛋糕

50道傳統義式輕料理

作　　者：百味來廚藝學院
翻　　譯：藍大楷
主　　編：黃正綱
文字編輯：盧意寧
美術編輯：吳思融
行政編輯：潘彥安

發 行 人：熊曉鴿
總 編 輯：李永適
版　　權：陳詠文
財務經理：洪聖惠
行銷企畫：鍾依娟
出 版 者：大石國際文化有限公司
地　　址：台北市內湖區堤頂大道二段181號3樓
電　　話：(02) 8797-1758
傳　　真：(02) 8797-1756
印　　刷：勤達印刷國際有限公司
2014年(民103) 11月初版
定價：新臺幣399元
本書正體中文版由
Edizioni White Star s.r.l.
授權大石國際文化有限公司出版

ISBN：978-986-5918-65-1（精裝）
＊本書如有破損、缺頁、裝訂錯誤，
請寄回本公司更換

總代理：大和書報圖書股份有限公司
地址：新北市新莊區五工五路2號
電話：(02) 8990-2588
傳真：(02) 2299-7900

國家圖書館出版品
預行編目（CIP）資料

杯子蛋糕：50道傳統義式輕料理
百味來廚藝學院 — 初版 藍大楷翻譯
—臺北市：大石國際文化，民103.11
128頁：20×23.3公分
譯自：Cupcake: 50 Easy Recipes
ISBN 978-986-5918-65-1（精裝）
1. 點心食譜
427.16　　　　103019113

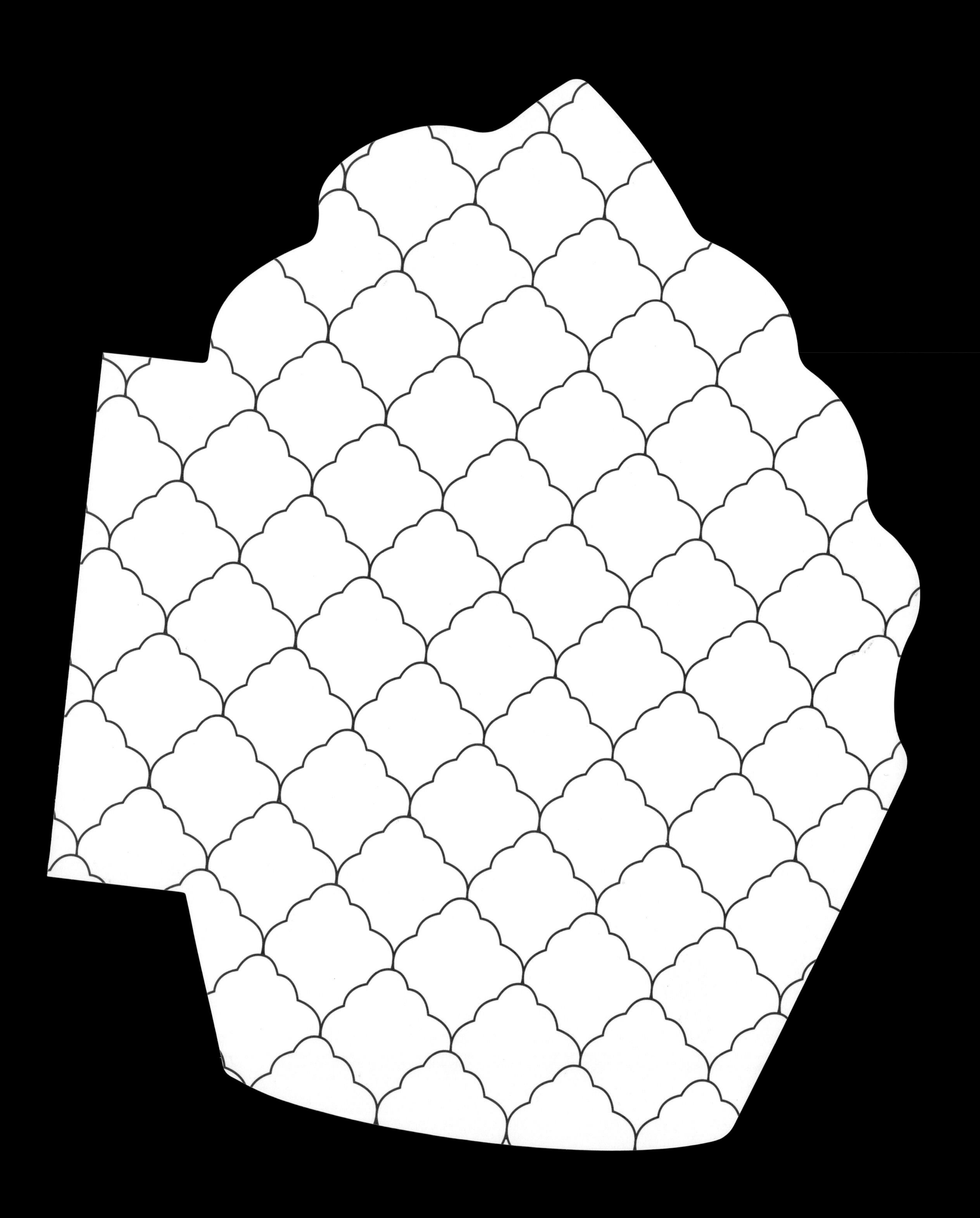

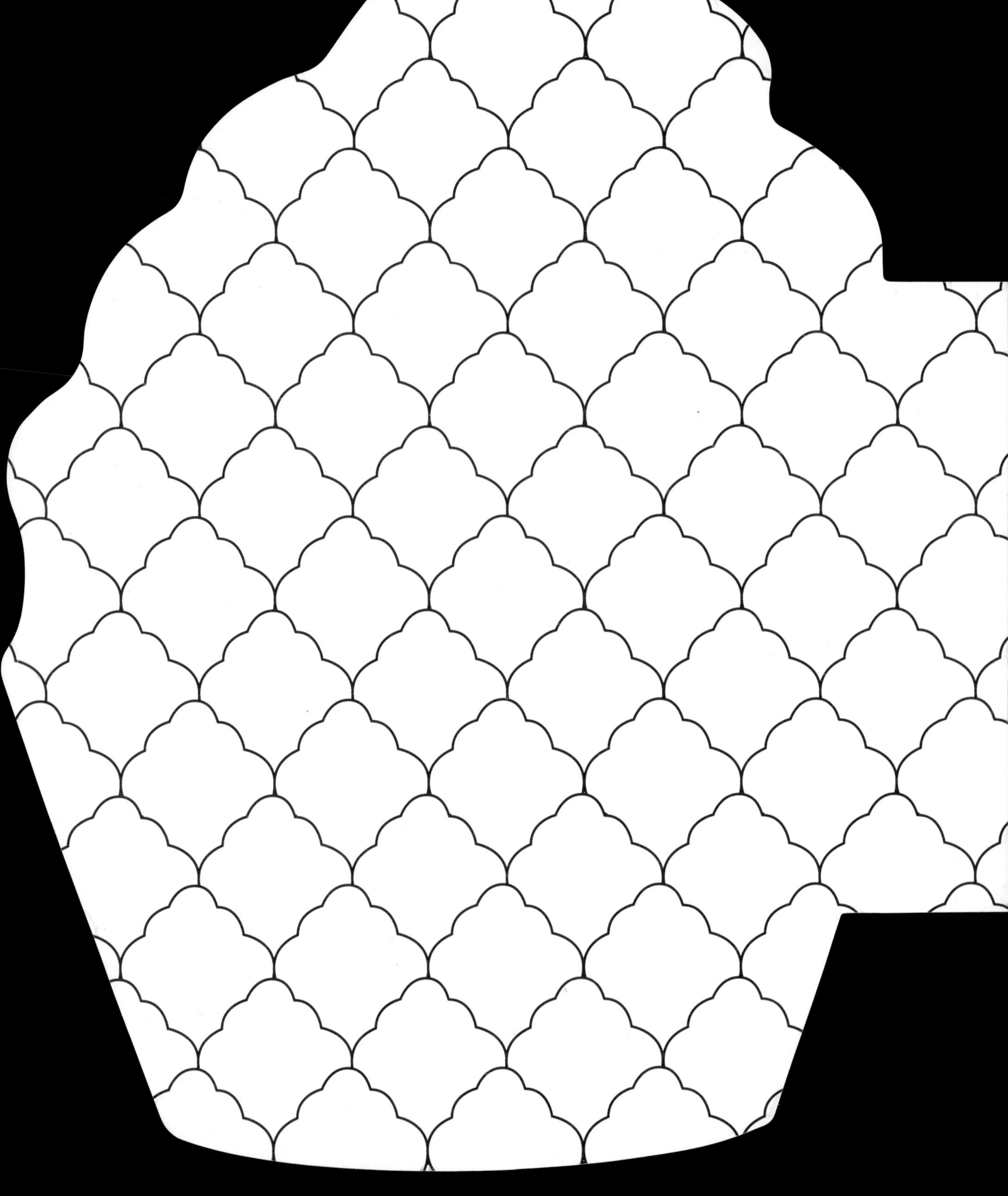